室内绿植搭配与养护完全手册

用绿植打造花园家居

（日）安元祥恵　主编　　刘琳　译

·北 京·

MIDORI TO KUKAN WO TANOSHIMU INDOOR GARDEN
supervised by Sachie Yasumoto
Copyright© 2017 SEIBIDO SHUPPAN
All rights reserved.
Original Japanese edition published by SEIBIDO SHUPPAN CO.,LTD., Tokyo.

This Simplified Chinese language edition is published by arrangement with SEIBIDO SHUPPAN CO.,LTD., Tokyo in care of Tuttle-Mori Agency, Inc., Tokyo through Inbooker Cultural Development (Beijing) Co., Ltd., Beijing.

本书中文简体字版由SEIBIDO SHUPPAN CO.,LTD.,授权化学工业出版社独家出版发行。本版仅限在中国内地（不包括台湾地区和香港、澳门特别行政区）销售，不得销往中国以外的其他地区。未经许可，不得以任何方式复制或抄袭本书的任何部分，违者必究。
北京市版权局著作权合同登记号：01-2020-1915

图书在版编目（CIP）数据

室内绿植搭配与养护完全手册：用绿植打造花园家居/（日）安元祥惠主编；刘琳译. —北京：化学工业出版社，2020.5（2023.11重印）
ISBN 978-7-122-36504-0

Ⅰ.①室… Ⅱ.①安… ②刘… Ⅲ.①园林植物-室内装饰设计-室内布置-手册 Ⅳ.①TU238.25-62

中国版本图书馆CIP数据核字(2020)第046875号

责任编辑：林 俐
责任校对：刘 颖
装帧设计：卡古鸟设计 KAGUBIRD DESIGN

出版发行：化学工业出版社（北京市东城区青年湖南街13号 邮政编码100011）
印 装：北京宝隆世纪印刷有限公司
880mm×1092mm 1/16 印张 8 字数 280 千字 2023 年 11 月北京第 1 版第 5 次印刷

购书咨询：010-64518888 售后服务：010-64518899
网 址：http://www.cip.com.cn
凡购买本书，如有缺损质量问题，本社销售中心负责调换。

定 价：69.80元
版权所有 违者必究

在绿意盎然的室内花园里开启
清新、自然的新生活吧

每天清晨，如果有清新绿色的植物映入眼帘，那么一整天都会感到精力充沛。休息时，如果房间里有植物，放松身体的同时，精神也能够得到彻底的放松。植物有着能够令人恢复精神、心境平和的力量。因此想让植物融入到家居生活中的人也逐渐增多。

选择与室内装饰搭配的盆栽和悬挂绿植装饰家居环境，成为最近的潮流。本书将从室内绿植装饰的方法和植物的养护管理两个方面来为大家提供好的方案和建议。

植株不太高大的盆栽、小绿植等，会给你的家带来活力，你的家会变成像庭院一样舒适惬意的空间。希望大家都能体会到拥有一个室内花园，与植物同居带来的愉悦和乐趣。

目录 CONTENTS

第 1 章 室内花园的典范

第 2 章 选择植物的方法

第 3 章
利用绿植装饰房间的方法

第 4 章
室内植物养护的常识和技巧

第 5 章
向花艺师学习用绿植装饰家的方法

T
TranShip

第1章 室内花园的典范

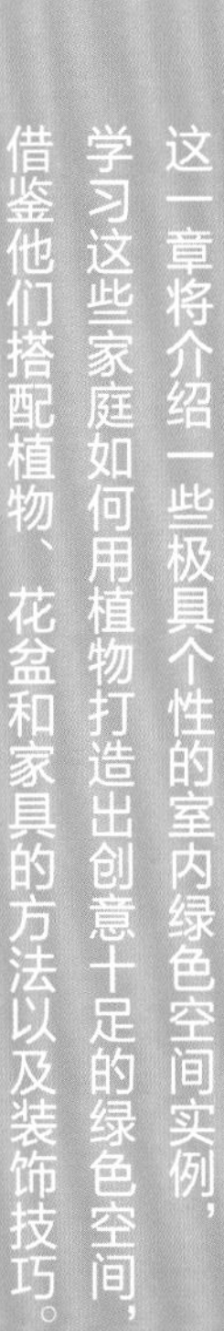

这一章将介绍一些极具个性的室内绿色空间实例，学习这些家庭如何用植物打造出创意十足的绿色空间，借鉴他们搭配植物、花盆和家具的方法以及装饰技巧。

这是一个与庭院相连的森林小屋风格的房间，采用了复古风的建筑材料。绿色植物将房间与庭院融为一体，使其成为植物环绕的治愈系空间。

案例1

植物与复古家具的搭配

东京都角野家

窗户附近的大型盆栽是鹅掌柴，六角形花盆中栽种的多肉植物是莲花掌和芦荟，镀锡铁皮花盆中种植的是高山榕。后面摆放着佛肚树（瓶树），左手边最前方的是仙羽蔓绿绒（小天使）。

右侧的植物是柳叶榕，金属链悬挂着的是鹿角蕨。

给植物提供一个易于生长的环境

角野先生将高档典雅的家具与绿植完美地搭配在一起。宽敞的客厅里摆放的大型盆栽是柳叶榕，窗边的架子上摆放的是仙人掌、鹿角蕨和一些多肉植物。

为了让当下流行的家具与绿植能够相互映衬，使用设计简单大方且外形基本一致的花盆。与客厅不在同一层、面向庭院的小房间里摆放了很多小摆件，搭配的是镀锡铁皮的花盘，使这个小房间拥有了与客厅完全不同的气氛，带给人一种轻松舒适的感觉。

植物的选择与管理都是由角野先生负责。角野先生介绍说："我会经常思考怎样选择适合家具及室内装饰风格的植物。对花盆的摆放位置不太满意时就会进行细微的调整。我很享受做这些事，它们给我带来很多乐趣。植物往往会朝向太阳生长，所以要时常调整它们的位置或角度。"

此外还需保证室内通风良好，有利于植物健康地生长。

"尽量打开房间的窗户，春季至秋季期间最好将植物放在阳台，让它们能够接触到自然风。"

鹿角蕨喜好高温多湿的环境，下雨天时尽量将其放于室外，让它们吸收空气中的水分，受到雨水的滋润。角野先生

右：架子最上层摆放的是多肉植物，中间的是仙人掌，下层的是鹿角蕨，花盆具有统一感。

左：自右侧开始分别是膨珊瑚（缀化）、白星、星球属多肉。

下：独特的铜质小盒子里栽种的是仙人掌，宛如一件件艺术品。

在明亮的窗边放置用于摆放植物的架子

面向阳台的窗边一角设置成专门用来摆放植物的空间。摆放多肉植物、鹿角蕨和仙人掌等植物的架子原是医用置物架。

光线较强的季节会用亚麻窗帘遮挡光线，调节成适合植物的光照条件。

还会结合植物原生地的环境对植物进行细致的管理。

角野先生说：“虽然植物与室内家具的协调非常重要，但植物都是有生命的，所以最重要的是给它们提供一个利于生长的环境。”

最近几年角野先生被多肉植物的形状和质感所吸引，常常去轻井泽的园艺店选购。为什么喜欢多肉？角野先生说：“因为它们的生长过程极具魅力，它们会长成什么形状，开什么样的花，都让人充满期待。多肉植物搭配高颜值花盆是很好的礼物，收到礼物的人都会非常高兴。”

形色各异的空气凤梨。

厨房的窗台上摆放的是十二卷、景天等多肉植物。

将颜色、形状各异的仙人掌、莲花掌、景天摆放在一起。

细长的窗台上摆放着17个镀锡铁皮的花盆。

将相似的花盆摆放在一起，可增添趣味性

将大小、颜色、形状相近的花盆摆放在一起。植物以多肉植和仙人掌为主。也可以加入其他喜欢的植物，并让颜色、质感和形状差异较大的植物相邻。

这里是阳光直射不到的场所，右边的是虎尾兰，左边的是棒叶鹤望兰。

将不宜阳光直射的植物放在房间内侧

远离窗边但光线充足的地方可以放置一些阳光直射会造成叶片灼伤的植物以及喜好柔和光线的植物。但棒叶鹤望兰等喜光植物除了强光照射的盛夏及冬季以外，在其生长期时，可移至窗边。

生长良好，无论从哪个角度看都十分漂亮的鹿角蕨。

通过高低差和大小不同的花盆增添美感

面向庭院的森林小木屋风格的房间打造成专用来观赏植物的空间。从高达1.8m的鹅掌柴到大概只有10cm的小型多肉植物，摆放了大小不一的各种植物。使用具有统一感的灰色花盆和镀锡铁皮盆套营造统一感。

窗边外形一致的花盆里面栽种的是多肉植物。

复古的镀锡铁皮箱里栽种的是多肉植物和高山榕的插枝。

镀锡铁皮花盆里栽种的是仙羽蔓绿绒（小天使），外面的盆套上带有镂空。

古朴的木质墙壁更加映衬出植物的翠绿。

值得学习的创意

感受多肉植物逐渐生长带来的乐趣

极具创意的黄铜盒子里栽种着多肉植物，等它们长大一些就可以移栽到花盆里。多肉植物的生长过程非常值得观赏，这些慢慢长大的植物会成为室内装饰的焦点。

让植物的枝干自由伸展

五年前新房建成后不久，村林就开始在室内栽培植物了。因为喜欢古色古香的器皿，村林常去古董市场和旧货市场寻找喜爱的器皿。空罐、空瓶、长颈瓶等都可以当做花盆使用，充分发挥想象力利用这些器皿是村林的爱好之一。村林说："这些器皿给我很多灵感。我会为它们选择最搭配的植物。"

村林喜欢造型奇特的植物，他常常将器皿与植物、布艺品、小摆件等搭配在一起，营造出自己喜欢的氛围。

在客厅的窗边摆放的是叶色鲜艳的爱心榕、金黄百合竹等植株高大的植物。金属置物台上摆放着小植物，下方随意摆放着个性十足的花盆。

浇水的频率会因季节有所不同，基本上是一周一次。此外几乎不给植物施肥，从某种意义上说采取的是非常随心所欲的养护管理方式。

村林说："不要通过修剪等方式来勉强地调整植物的姿态，尽量让植物的枝干自由地伸展，欣赏植物自然的姿态也是一种乐趣。"

有些枝干弯曲的植物，因为是自然形成的，就像是一件艺术品。另外最令人佩服的是，连枯萎枝叶也被村林巧妙地加以利用，体现出村林随性自由的构思与设计。对村林来说，室内绿化装饰是他表现自我的方式之一。

从厨房看到的客厅内景。

案例2

用喜好的小摆件与绿植表现自我的个性

神奈川县村林家

房间左侧叶片较大的植物是爱心榕，在它下方紫色叶子的植物是箭羽竹芋，而位于电视机左侧枝干略有些弯曲的植物是金黄百合竹。

客厅与隔壁房间交接处的植物是叶色美丽的锦叶葡萄。

精美的金属筐与绿萝的组合。

空气凤梨与玻璃容器的搭配显得十分灵动。

客厅用餐处，绿植与小摆件、小装饰品完美地搭配在一起。绿色的铁制椅子是这里的焦点。

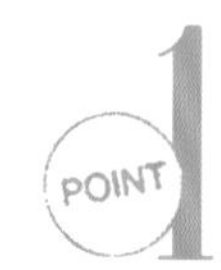

在窗边及房间连接处可悬挂绿植，打造具有立体感的空间

房间里悬挂着藤蔓植物与茎部充分伸展的植物，这些植物使房间的窗户看上去十分雅致。而房间与房间的连接处的植物起到划分空间的作用。此外，房间高处的小架子和复古挂钩也十分引人注目。

值得学习的创意

将餐具、空茶叶罐等作为花盆使用

具有时代感的杯子里栽种的是若绿（青锁龙属多肉），红茶罐里栽种着的是仙人掌。此外，在一些古色古香的小容器里种植着形状奇特的植物。

将具有时代感的物品与杂物搭配在一起，体现出独特的世界观

村林将绿植与自己喜欢的小摆件、别致的容器搭配在一起，自由地构思，打造出极具个性的空间。在植物的选择上花了很多心思，选择形状、颜色与收藏的小饰品非常搭配的植物，使它们呈现出美妙的协调感。

置物台上摆放着姬凤梨和一些小摆件、小装饰品。

黑色小柜子与叶色多彩的变叶木形成鲜明的对比。

用极具个性的花盆营造房间的格调

村林收集了很多带有古董风格的小装饰品，以及设计和颜色都极具个性的花盆，并且花心思为他们搭配相协调的植物。

带有骷髅图案的花盆里栽种着苏铁大戟（苏铁麒麟）。

带有浮雕的花盆里栽种的是铜绿麒麟。

麻爪花盆套与桫椤的搭配非常协调。

纵长的古典风格花盆里栽种的是银心吊兰。

充足的阳光从两扇窗户照进房间，铁制搁板上摆放的是房间中最具魅力的植物仙羽蔓绿绒（小天使）。

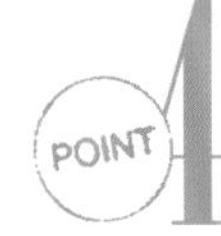

专门用于摆放植物的房间，将植物摆放在高处确保得到充足的日照

客厅旁边的房间专门用于摆放植物。可将花盆放在窗边，或摆放在有一定高度的置物台及柜子上，以便植物能够得到充足的光照。

照片中的植物自左向右分别为：垂叶榕、瓶子草、细叶榕。

搁板上摆放的植物，左侧的是贝母兰、右侧的是落地生根（倒吊莲）。地板左侧的是白花大戟。

枯萎的植物的气生根与绿植的搭配，看上去十分别致。

5 应时常调整花盆的摆放位置，使植物得到充足的光照

设计精美的铁制置物台上摆放着各种形状的植物。位于置物台下层的植物很难接收到阳光，所以应时常调换植物的摆放位置使它们能够接收到充足的光照。

摆放着叶子卷曲的垂叶榕（右侧后方）和丝苇（左侧后方）等叶形奇特的植物。

虽然架子上的花盆风格各异，但整体上却显得非常协调。

6 巧妙地利用窗台的位置

位于楼梯中间的狭小窗台上摆放着很多小绿植、日用品和小挂件。在空罐和玻璃瓶中采用水培的方式栽种了多肉植物与仙人掌。

将采摘来的植物的枝干或茎部放入容器中，并加入适量的水，令其生根成长。左侧玻璃瓶中的植物是青柳。

位于房间中央的盆栽是高山榕，悬挂在窗边的是绿萝。

注重花盆与植物的协调与搭配

吉田先生从事的是建筑设计与施工方面的工作。他们一家人居住的公寓面向公园，所以他希望窗外的树木与房间里的植物融为一体。吉田先生说：“窗边是专用于摆放植物的空间。对植物来说自然风很重要。所以夏季我们也尽量不使用空调，而是把家里的窗户全打开，让自然风吹进来。”

有些植物不能一直放在房间里，最好将它们放在阳台上，让它们能够充分地享受到自然风和太阳光。

吉田先生介绍：“植物本身会慢慢地适应环境，所以要时常观察它们的生长状况，无需太娇惯。在冬季可减少给垂叶榕的浇水量，这样它们就能在阳台过冬。”

仔细观察光照情况，以此来决定植物的配置

通风良好、日照充足的窗边对植物来说是最合适的环境。在窗边摆放一个置物台，将植物放在上面，植物更容易接收到阳光照射。而在远离窗边的地方则可摆放一些耐阴植物。

左：自窗边内侧开始顺时针方向分别是：铁角蕨、鹅掌柴、串钱藤（纽扣藤）、海州骨碎补、十二卷、福禄寿，位于正中央的是黑法师（莲花掌类多肉）。

中间左：电视架上层自右侧开始分别是十二卷、老乐柱，位于下层的植物分别是展枝虎尾兰、Francisii虎尾兰。

中间右：远离窗边的地方摆放的是不喜光照的观音座莲（右）与绿萝（左）。

下：除了盛夏及冬季以外，应尽量将多肉植物放在阳台养护管理。

像圆盖阴石蕨这类喜欢潮湿的植物，干燥的季节必须通过喷雾的方式补充水分。摆放在室内的盆栽则需时常旋转180度，注意观察枝干的伸展方向。

此外，植物与室内装饰的协调也非常重要。将客厅的一部分墙面涂成典雅的蓝色，这样可以突显植物的美感。吉田先生喜欢欣赏榕属植物和龟背竹趣味盎然的姿态，也十分喜欢枝干略有弯曲的植物造型，比如枝条弯曲伸展的红雀珊瑚（大银龙）。

此外，吉田先生说："选择适合植物的花盆也是一件充满乐趣的事。室内绿植虽然都是有生命的，但同时也是室内装饰的一部分，这也正是它们的魅力所在。"

植物的配置参照了夏威夷的景致。从右手边内侧逆时针方向分别是红雀珊瑚（大银龙）、翠绿龙舌兰（又名狐尾龙舌兰、皇冠龙舌兰、翡翠盘）、龟背竹、金边龙舌兰、翠绿龙舌兰。

墙面、植物与皮革椅子的颜色搭配看起来非常协调。

给墙面涂上突显植物美感的颜色

吉田先生将房间墙壁的一部分涂上了雅致的蓝色，很好地衬托出家具和绿植的美感。悬挂在墙上的嫩绿的绿萝成了房间中的亮点。

将蕨类植物及不喜光照的植物摆放在较少光照之处

房间内侧是光照较少的地方，架子上摆放着蕨类植物，即使在没有充足日照的条件下蕨类植物也能生长得很好。此外，房间里较高的地方可以摆放无需经常浇水的多肉植物。不过，春季和秋季应尽量将这些植物移到阳台，使它们能够接触到大自然的气息。

左：左侧是根茎颜色美丽的蕨类植物台湾水龙骨，右侧是绿萝。

中：挂在墙面上的装饰永生植物的壁挂是吉田太太亲手制作的。

右：摆放在书架上的多肉，右侧的是膨珊瑚（缀化），旁边的是孔雀扇。

值得学习的创意

享受叶插及培育植物子株的乐趣

左侧照片中较大的花盆里是栽培了 10 年的翠绿龙舌兰的母株，旁边的小花盆里栽种的是它的子株。右侧图片中的是虎尾兰的叶插，看着它们长出新芽，逐渐长大，吉田先生觉得充满乐趣。

上：卫生间窗台上玻璃容器里是经过修剪的绿萝。
下：卧室里摆放的是阿姆斯特丹榕树。

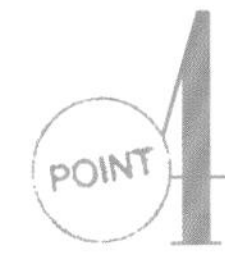

在卫生间、卧室等私人空间摆放一盆喜爱的植物

在容易沉闷的卧室和卫生间装饰上绿植，房间的气氛就会生动很多。但如果摆放的植物过多会显得混乱，可以挑选自己最喜欢的一盆植物，并且最好选择耐阴植物。

将较大的花盆摆放在一起，营造具有艺术气息的时尚风格

客厅的窗边角落是专用于摆放植物的空间。使用很多较大且时尚的花盆和盆套，如同一件件艺术品，有很强的观赏性。

桌子上自右向左分别是柳叶榕、黄果榕。地上自右向左分别是虎尾兰、苏铁（铁树）、美洲龙舌兰。

案例4

悬挂绿植打造屋顶上的绿色空间

奈良县兼松家

屋顶上的悬挂绿植，右侧的灯后方的是鹿角蕨，自灯的左侧开始分别是万代兰、霸王（空气凤梨）、卤肉（空气凤梨）、隐柱天轮柱，用线绳悬挂的是丝苇，叶子细长的是松萝凤梨，其左侧的是彗星（空气凤梨）。

在房梁、墙壁上悬挂绿植

兼松先生为了在房间里悬挂绿植，想了各种办法。比如在房梁之间搭上木条悬挂空气凤梨等植物。在空气凤梨旁边搭配干花，打造一个充满大自然气息的空间。

张挂金属网

在通向阁楼的梯子旁边的墙壁上张挂金属网，用来悬挂和晾晒干花。

在房梁间搭漂流木

搭在房梁之间的漂流木上悬挂着形状奇特的豆类和姜花制作的干花环等。

将植物悬挂在房梁上

悬挂植物的方式也多种多样，比如在房梁上套上麻绳并加上金属挂钩，另外还可以使用编织吊篮。

搭上梯子

在房梁间搭上具有自然气息的梯子，上面悬挂空气凤梨。各种各样的金属挂钩和链子是引人瞩目的焦点。

从房间上部看到的景致

站在楼上看到的房间内部，顶棚上的风扇促进房间里的空气流动。

为了不让房间变得狭窄，要全面立体地利用空间

兼松家的客厅里悬挂着形状各异的空气凤梨和鹿角蕨，一走进这里就仿佛是进入了温室。几年前兼松被形态奇特有趣的多肉植物吸引，从此开始在室内栽培养护绿植。

兼松先生介绍说："我曾在室内栽培过多肉植物，但并不是很顺利。两年前搬到这里，我将客厅与室外的阳台合成一间，并将多肉植物放在室外阳台管理，一切就变得顺利多了。"

室内的植物以鹿角蕨和空气凤梨为主。听说兼松每个月都会参加一次与绿植有关的展览或者活动，这样他家里的植物越来越多了。兼松先生选择的多是形状奇特的植物。他说："比如空气凤梨，单从它的叶子看很难想象出它会开出什么样的花，这令人非常期待。"

至于为什么要将植物悬挂起来观赏，兼松解释说："如果将植物都摆放在地上，房间就会变得越来越狭窄，而将植物悬挂起来可以立体地利用空间。因此我家里的悬挂绿植也越来越多。"他接着介绍说："空气凤梨喜欢自然风和空气中的水分，从傍晚至翌日清晨应尽量将它们放在室外。到了夏季，每天早晚都会将它们挂在室外阳台，在水管前端装上喷头，给它们浇水。"

兼松说："照顾植物的同时可以治愈自己，令心情得到调节和放松。这些生机勃勃的绿植给每天的生活增添了色彩。"

这里摆放着干花花环、小装饰品等，绿色的植物是膨珊瑚。

巧妙地利用家具上方等狭小的空间

巧妙地利用柜子上方等狭小的空间，可摆放一些外形奇特的植物、干花以及具有时代感的装饰品等。

照片的旁边也搭配了植物，显得优雅别致。

洗脸台附近摆放仙羽蔓绿绒（小天使）、芦荟、心形球兰等。

干燥的香蕉树皮上摆放的植物自上而下分别是：紫水晶、小精灵两种空气凤梨和千代兰。

要确保放在此处的仙人掌能够受到充足的光照并保证通风良好

阁楼上主要摆放仙人掌，经常开窗以确保植物所需的光照及良好的通风。有时也用电风扇来促使空气的流动。楼梯平台上摆放的柱形仙人掌是最引人注目的植物。

左：在阁楼上设置了用于摆放植物的金属架，让放置在上面的植物更多地照射到阳光。

中：具有存在感的柱形仙人掌是这里的焦点。

右：栏杆处放置了一个旧房梁，这样可以让植物向客厅伸展。

多肉植物中有些品种喜光，而有些品种耐阴，要根据它们的喜好来确定摆放场所。

尽量不要将植物一直放在室内，除冬季以外，最好将它们放在室外管理

参考植物原生地的气候条件能让植物生长良好。另外需注意的是，植物原本就是生长在大自然中的。因此，以空气凤梨为例，夏季的早晚、秋季的早上如果能将它们悬挂在室外，在那里给它们浇水，而冬季则放在室内，但每周移到室外一次并浇水，能让它们更好的生长。

空气凤梨可悬挂在室外让它们呼吸新鲜的空气，并且最好用喷头给它们补充水分。

值得学习的创意

用鹿角蕨制作壁挂

鹿角蕨无论是栽种在花盆里还是悬挂起来都非常漂亮。用木头和金属网做一个框，之后将鹿角蕨挂在上面，看起来美观大方。

选购植物时，要关注植物的姿态

走进位于T先生家独栋别墅二层的客厅，首先映入眼帘的就是姿态优雅的黄果榕。

T先生介绍说："我非常喜欢叶片形状略圆的植物，所以就将这盆黄果榕作为家里的代表植物。"并且T先生非常在意植物的姿态，购买前一定会仔细挑选。

T先生说："希望这盆植物能成为客厅所有植物中最引人注目的，在聚会时，能够成为向大家展示的亮点。因此在购买时特意选择了枝干向一个方向伸展，姿态优美独特的。"

为了让植物与家里洁白的墙壁相互映衬，其他的植物也都是选择了叶片形状特点鲜明的品种。花盆以设计简单大方的为主，并在小装饰品的搭配上花了很多心思。卧室里也摆放了大型盆栽，每天清晨一睁开眼睛，绿植就映入眼帘，心情也因此变得更加舒畅。

形状和颜色都非常美丽的金边百合竹。

案例 5

选择喜欢的植物，作为室内装饰的点睛之笔

东京都T先生家

客厅的代表植物是黄果榕，在它旁边还有南美铁树（前方）、掌叶蔓绿绒（左侧）、龟背竹（右侧后方）等植物。

窗边的悬挂绿植与盆栽也可起到遮挡视线的作用

与邻家的距离较近时，在窗边悬挂、摆放一些绿植可以起到遮挡视线、保护隐私的作用。同时，首先映入眼帘的是大量的绿植，目光为之所吸引，就不会关注窗外的景色了。

造型独特的木质容器里的植物是空气凤梨。

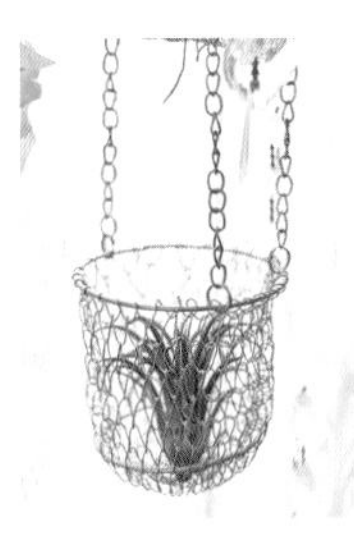

金属网里的植物是白毛毛（空气凤梨）。

用编织吊篮悬挂的是青柳。

窗边摆放了大戟属的各种植物与火星人（根块植物，右侧）等。

窗边的悬挂绿植，左边的两个是空气凤梨，空气凤梨右下方是丝苇。灰色花盆里的是锯齿昙花，锯齿昙花右上方是番杏柳。

从右侧开始分别是瓜栗（发财树）、喜林芋、爱心榕。

清晨睡眼惺忪时，绿色便映入眼帘

卧室里也摆放了绿植，每天一睁开眼就可以看到绿色。为了突显叶片嫩绿的爱心榕的美感，在它旁边摆放了栽种在粉色花盆里的喜林芋。

值得学习的创意

用 LED 灯增加光照，用电风扇促进空气流动

因夫妇二人都要外出工作，所以白天无法保证房间内的通风良好。此外，阳光照进室内的时间也有限，植物接受的光照显得不足。因此，可通过电风扇和 LED 灯来改善现有的日照和通风条件。

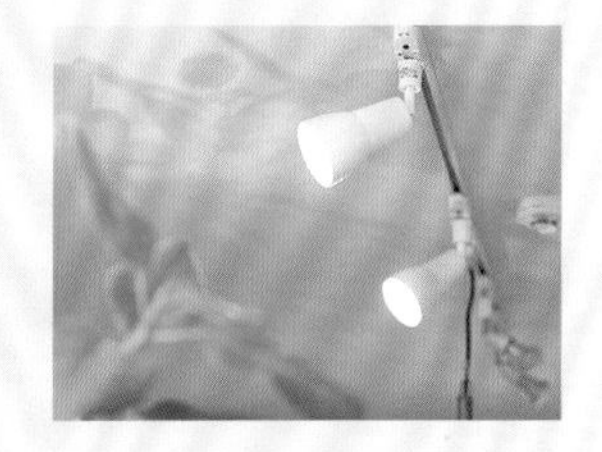

案例6

手工艺品与绿植的搭配

埼玉县下田家

楼梯的台阶上摆放着球兰和鹿角蕨。楼梯下面摆放的是贝哈伽蓝（仙女之舞），它的徒长枝非常有趣。

重视植物的光照条件

在下田家用干花制作的手工艺品与绿植的完美搭配，令人惊叹。另外，一些姿态奇特的植物也引人注目。

下田说：“我从20多岁时就开始对外形奇特的蕨类植物及块根植物着迷。”在建造这座房子时，考虑到会在室内栽培植物，因此在设计上格外注重营造一个能为植物提供更充足光照的环境。

下田先生喜欢多肉植物，将石莲花（拟石莲花）属植物都摆放在室外，室内则以大戟属植物为主。

下田先生说：“室内绿植不需要每天浇水，在工作繁忙没时间照顾它们的时候也不必担心。为每种植物找到最适合的环境是我的乐趣。”

小搪瓷桶里栽种的是形状奇特的仙人掌。

架子上摆放的是引人注目的旋风（空气凤梨）。

充分立体地利用楼梯周围的空间

客厅通向二楼的楼梯下的空间布置得非常巧妙。楼梯下的架子上摆放着植物和杂物，楼梯上悬挂了植物，空间得到了充分利用。

值得学习的创意

如同宝石般的生石花

形状奇特的生石花常被称为有生命的宝石。将各种生石花放在一起，看上去就像是精美的工艺品。

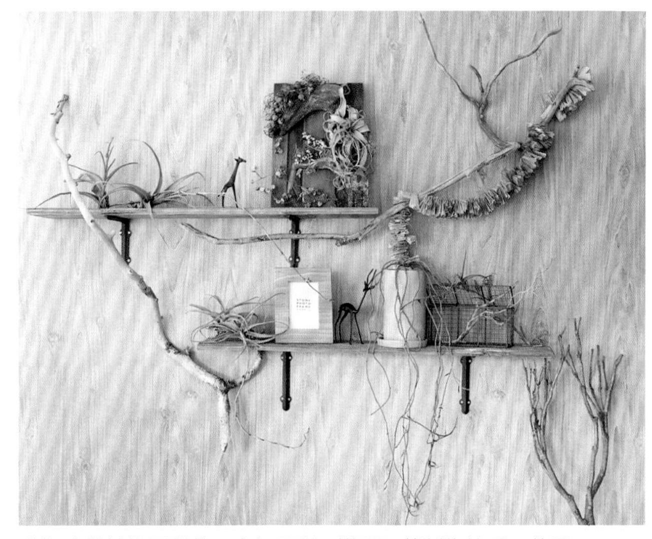

木架上的植物是丝苇和空气凤梨，搭配干花制作的手工艺品。

POINT 2 绿植与天然素材的手工艺品组合成独特的风景

这是位于二层楼梯墙壁上的独特风景，木架与枯木巧妙地搭配在一起，并装饰上干花，绿植是丝苇和空气凤梨。

窗边柜子上摆放着各种仙人掌，有彩云阁、红彩阁和白檀，与用干莲蓬制作的工艺品搭配得非常协调。

已经生锈的铁罐和颇有年代感的花盆里栽种着大戟属植物和仙人掌。

用挂金灯与菱角丝瓜等植物装饰的灯具。一排排摆放在窗外的花盆里栽种的是石莲花属植物。

POINT 3 将灯具与植物组合在一起，营造出梦幻的气氛

用干花和枯木装饰的照明灯具是在常去的花店购入的。将这些灯具和喜欢的植物搭配在一起，营造出梦幻的气氛。

用天然素材制作的，如同艺术品的照明器具旁边的植物是仙人掌和芦荟。

枝干弯曲的二歧芦荟。

客厅里一角。这里摆放着具有年代感的食盒、做工精巧的桌子和各种绿植。

案例7

绿植与传统风格家具的搭配

东京都 S先生家

柜子上的绿植和亚洲风格的器具非常协调地搭配在一起。

来自中国的复古的柜子，旁边摆放着书架。书架上也装饰着绿植。

陶器与漆器与绿植非常相配

S先生非常喜欢将日式餐具、东南亚的古董与绿植进行组合搭配。茶道用具的炭盒、水罐等各种容器常被S先生当作花盆外套使用。

S先生向我们介绍说："手工制作的器具与绿植非常相配。特别是陶器与漆器，可以与任何植物协调地搭配在一起。"

墙边一角搭配摆放着各种古典风格的日式食盒和绿色植物。这些叶片颜色和形状各异的植物，相互之间形成鲜明的对比。体积较大的漆器里混栽了各种植物。收集来的古董与植物协调地搭配在一起，打造出典雅且有格调的空间。

泰国制的六角花盆里栽种着佛罗里达蔓绿绒（右）、福禄桐（左）。左侧炭盒里的是锈叶榕。

小型的仙羽蔓绿绒（小天使）与水晶花烛。

带有描金画的茶洗中栽种的是福禄寿，青花瓷的茶洗里栽种的是彩虹龙血树。

将日式食盒及茶道用具等作为花盆套

将古典风格的杯洗、茶器、茶具等作为花盆套。泰国制的青花瓷花盆、日式餐具、古旧的空罐与植物巧妙地搭配在一起，就如同将这些器具融入大自然中一般。

青花瓷瓶与金边百合竹的颜色相互映衬，对比鲜明，突出了青花瓷瓶优美的造型。

彩叶凤梨的深色叶子与铁锈色的铁罐营造出古典气氛。

自内向外顺时针分别是：鞭叶多穗凤梨、贯众蕨、网纹草。木篮是来自中国的古董。

用混栽的方式使植物看起来更有分量感

在较大的容器中混栽数种植物，将这些叶色与叶形各异的植物搭配组合在一起，看上去更加立体和多样化。

缅甸的涂漆篮子里栽种的植物自右侧起顺时针方向分别是：红茎榕、‘韦伯鲍里’大戟、白鹤芋。

将植物摆放在最好的位置

堀山夫妇自从搬到现在的独栋别墅后，就逐渐被绿植的魅力征服。

堀山先生说："我在一位朋友家里见到了室内绿植，惊叹于植物给房间带来的风格转变，所以也想尝试用绿植装饰室内。"堀山先生家光照最充足的地方就是暖炉前的角落，所以在不使用暖炉的季节，就将植物都摆放在这里。

暖炉前的瓜栗（发财树）是以前住在公寓时购买的。也许因为日照不足，生长得并不好，看上去有些孱弱。但因为它满载着夫妇二人的美好回忆，所以搬家时将它也搬了过来。对于堀山夫妇来说，最快乐的事就是给植物浇水。堀山说今后还想尝试培育养护更多不同种类的植物。

阳台的房檐下悬挂着鹿角蕨与空气凤梨。

上：与露天阳台连接的客厅里日照充足，是非常适合植物生长的环境。

左：瓜栗（发财树）是夫妇二人购买的第一株植物，满载着他们的美好回忆，在新的环境中生长得非常好。

右侧大花盆里栽种着斑叶异味龙血树，暖炉前方自右侧开始分别是：瓜栗（发财树）、仙羽蔓绿绒（小天使）、锈叶榕、棒叶鹤望兰，暖炉上自右起分别是：雪茄竹芋、瓶兰。

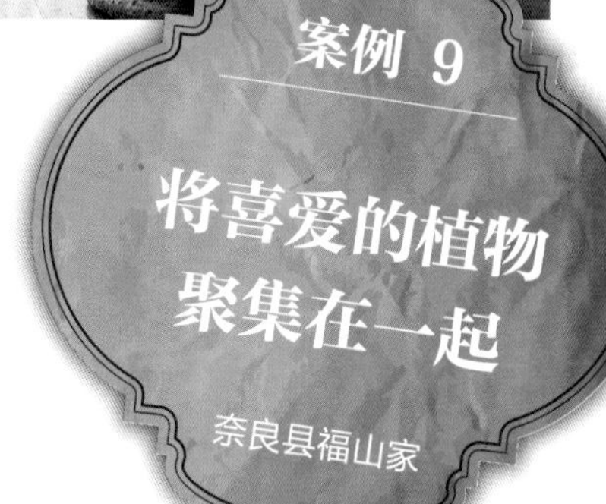

上：窗边的光照非常充足，成为专门摆放植物的地方。右侧的是蓬莱松，圆形桌上的是鹅掌藤、左侧的是麻风树。

左：栽种着‘莱斯利’鸟巢蕨的花盆上装饰着铁制的小制品。右侧摆放的是白脉椒草。

右：窗边的架子上摆放着蔓生植物球兰。

温暖的阳光从天窗照射到玄关处，因此这里的架子上也摆放着很多绿色植物。

室内绿色空间与庭院里的绿色风景融为一体

福山先生非常喜欢植物，一直热衷于园艺。栽培养护室内植物也有一段时间了，最初栽种的是美洲木棉等较为常见的植物。而最近逐渐被麻风树及丝苇等一些外形奇特的植物所吸引。

福山先生说：“窗边的角落是专门用来摆放植物的。一些不宜接受阳光直射的植物则放在玄关处的架子上。”

在窗边也放了架子，这样可以更加立体地摆放植物。窗外的大树和福山精心养护管理的植物连成一片绿色的风景……观赏这充满魅力的绿色风景，是福山最幸福的时光。

第2章

选择植物的方法

哪些植物适合在室内栽培，怎样进行管理与养护？
不同的环境和条件，与之相适合的植物也有所不同。
因此我们更需要了解植物的特性，
以便能为不同的环境选择最合适的植物。

一、哪些植物可在室内养护与观赏

植物也是室内装饰的一部分，能为生活增添色彩

“室内植物”一词是最近这几年来才逐渐被大众所熟知的。此前，在室内栽培及观赏的植物多被称为“观叶植物”。

所谓“观叶植物”正如其字面的意思，一般指的是可以观赏叶子的植物。它们通常是原生长于热带或亚热带的植物，生命力与适应环境的能力都比较强。一年四季其叶片都能保持姿态优美，极具观赏价值，且养护管理方法简单，因此一直以来都受到人们的喜爱。

由“观叶植物”改称为“室内植物”可能是因为人们逐渐认为植物也是室内装饰的重要部分。近年来通过园艺杂交等方法，“室内植物”的品种逐渐增加，可供人们选择的植物也越来越多了。

人气持续高涨的多肉植物与空气凤梨

那么“室内植物”都有哪些呢?

首先，原产于热带或亚热带地区的树木及叶片美丽的植物都可以作为“室内植物”，它们通常被称为“观叶植物”。同时根据这些植物的原产地可知，它们中的大多数都不太耐寒，比较适合15℃以上的温度，喜欢高温多湿的环境。

由于多肉植物与仙人掌的外形奇特，近年来人气逐渐高涨，受到许多人的喜爱。多肉植物中比较适合于室内栽培的是大戟属和十二卷属等部分品种，而石莲花属等品种则不太适合在室内栽培。如果您特别想在室内栽培此类植物，就需要确保给予植物良好的通风和充足的日照。特别是在白天家中无人的情况，应尽量将这些植物放置于阳台或者庭院等，在养护方面要多花些心思。

最近受到大家关注的是与铁兰同属，被称为空气凤梨的植物。空气凤梨生长于北美南部及中南美洲，多附生于木头或岩石。其叶片形状奇特且有个性，栽培时不需要土壤，易于在室内养护，这是它大受欢迎的原因之一。空气凤梨的花也极具魅力，相信今后会越来越受到大家的喜爱。

实际上“室内植物”如果细致分类，种类极为繁多。我们需要了解每种植物的特性，这样它们才能带给我们更多乐趣。

● 原生长于热带、亚热带地区的树木

原生于热带、亚热带的雨林中的植物。给人生气勃勃的印象，通常会成为室内绿化装饰的焦点。

朱蕉

● 观叶植物

因叶片美丽而常被作为观赏植物的多年草本植物。叶片颜色、形状、质感及大小各异，一年四季其叶片都可供观赏。非常适合在室内养护管理，并且生命力顽强。

蕨类植物
火焰鸟巢蕨

叶片非常美丽的植物
竹芋

● 空气凤梨

原产于北美南部及中南美洲，无需土壤也能生长。有些生长于干燥地区，而有些则生长于多雨水及多雾的地区，需要注意的是原生长地不同，其特性也不同。

● 多肉植物

因吸收储存了大量水分，而使叶片及茎部变得较厚的植物。有些品种的叶片带刺，一般被称为仙人掌。

多肉植物
寿宝殿

仙人掌
团扇类仙人掌

形状各异的空气凤梨

二、选择适应室内环境的植物

为了使植物健康生长，其原生地的自然环境是重要的参考

植物的原生环境不同，喜好的环境也各不相同。因此需要根据室内环境来选择不同种类的植物。比如需要考虑放置场所的光照是否良好，是干燥还是潮湿，通风是否良好等。有些植物能够适应室内的环境，而有些植物在室内则无法顺利生长。

关于日照条件，植物都需要通过光合作用来促进生长，因此任何植物都需要光照。只不过，有些植物喜好强光照射，而有些植物则喜好微弱的光线。

生长在辽阔地域的植物和森林中的树木比其他植物更需要日光照射。如果将这些植物放置于光线较弱的地方，其叶片就会脱落，严重的情况下甚至会枯死。

相反，森林中在树木庇护下生长的植物则偏好光线微弱的环境，这些植物如果处于光线直射的环境中，会造成叶片灼伤。

为了使植物能够健康地生长，需为其匹配适当的环境，同样针对既定的环境也要选择适应的植物。在植物的栽培与养护过程中遇到问题，往往是因为我们只根据自己的喜好选择植物，却并没有考虑什么样的环境才适宜植物生长。

不过也无需太过于担心，因为室内植物大多都是生命力非常顽强的，它们会慢慢适应新环境。所以可以一边观察它们的生长状况，一边给予它们相应的养护。如果出现叶片脱落、颜色变黄等问题，可以尝试改变其放置场所等方法来解决。

● 向阳处

［窗边等能够确保充足光照的场所］

“向阳”处是指窗边等能够保证植物受到充足光照的场所。最好将喜好阳光照射的植物放置于“向阳”处。但是夏季的光线太强，建议使用薄窗帘遮住一部分强光。

左：柳叶榕，其根部附近栽种的是彩叶凤梨。
中：栎叶粉藤（羽裂白粉藤）右：鹅掌柴。

半向阳处

[透过薄窗帘的日光照射的场所]

“半向阳”是光线透过薄窗帘照射到的场所，即能够避免阳光直射的场所。在本书图鉴部分介绍的“应避免阳光直射的植物”，最好将其放置于此类场所。

鹿角蕨

右：垂叶榕
左：斑叶鹅掌藤

较为明亮的背阴处

[距离窗边较远的场所]

玄关或房间内侧等处适合放置不喜欢阳光直射或者具有耐阴性的植物。照片中左侧是喜欢明亮背阴处的斑叶鹅掌藤，右侧的是垂叶榕。与垂叶榕同属的植物，放置场所会给其生长带来重大影响。首先确定一个比较满意的放置场所，决定好后就尽量不要经常移动和变换。但春季和秋季最好将其放置于阳台等处，这样会更有利于其茁壮成长。

重要提示 Caution!

“耐阴性”的含义

在有关室内植物的介绍中经常会看到“耐阴性”这个词，它的含义是“即使光照很少也能够生存”，并不代表“这些植物完全不需要阳光照射”。基本上植物都是需要光照的。这一点请切记！

三、相同的植物也会因修饰打理而形成不同的姿态

在室内栽培的绿植，通过修饰和打理，即使是相同的品种也会形成各种风格迥异的姿态。比如盆栽，可以通过在枝条上缠绕铁丝的方式来改变其姿态，也可以采取手段让根部变粗，或者通过修剪来控制植株的高度。对于大型植物，人们会通过一些方法尽量调整植株的大小，使其适合在室内培育。同时为了展现每种植物各自的特色及风格，还可以采用多种技术塑造它们的不同姿态。

每个人喜好的植物造型各不相同。有些人喜欢枝干挺拔的植物，有些人则喜欢枝干弯曲、造型奇特的植物。通常要根据室内风格来决定植物的种类及造型，并且植物的摆放位置、花盆的风格不同，植物的种类和姿态造型也会有所不同。但是最重要的一点是在了解植物生长特征的基础上做出恰当的选择。

一般来说，植物姿态造型的变化并不会改变其生长特性。如果只有一侧的枝叶能接受到充足的光照，这样的状态持续下去，这部分枝叶就会朝向阳光的方向一直伸展，破坏植物的生长平衡及树形的均衡，严重时会造成植物病弱或枯死。

因此，有些植物需要定期进行修剪以保持优美的姿态。关于修剪的方法及注意事项请参照本书的102页。

鹅掌藤生长较快，其枝干容易弯曲，因此可塑造出一些独特的造型。可将它作为室内装饰品布置房间，也可用它来装饰墙与壁柜，总之有各种不同的装饰及观赏方法。

● 艳红合欢的不同造型

姿态优美的艳红合欢，其细小的叶片整齐地排列着。可将其塑造成枝干纤细修长或枝干挺拔粗壮两种不同的造型。枝干纤细修长的树形适合摆放在空间较为狭小之处。

小苗

适合摆放在置物台或柜子上。

根的底部粗壮，上部逐渐变得纤细

通过长时间的修饰塑造而形成的造型，虽然并不高大，却能给人一种参天大树的感觉。

主干修长并略有弯曲

左右两侧的枝叶会逐渐增多，需经常修剪。

枝干向上伸展的高大肉质乔木二歧芦荟

稀有的枝干弯曲的木立芦荟

芦荟的不同造型

右侧照片是枝干向上挺直的二岐芦荟，当新叶长出时，下边的叶子就会脱落，其枝干看上去十分粗壮挺拔。左侧照片是枝干弯曲的木立芦荟，其枝干朝着太阳方向生长形成弯曲的造型。

红榕的不同造型

红榕姿态优美，紫黑色的叶片极具魅力。左侧照片中的红榕自粗壮的主干生出挺直的枝干。而右侧照片中的枝干粗壮且略有弯曲，两种造型给人风格迥异的印象。

枝干粗壮且挺直的造型

人为造成的枝干弯曲

锈叶榕的不同造型

左侧的是常见的树高约为1m的锈叶榕。右侧栽种在小花盆中的则是通过多次修剪而形成的锈叶榕小型盆栽。

四、通过花盆和盆套改变植物的风格

在店铺购买的室内绿植，有些被栽种在精美的花盆里，而有些则是栽种在塑料花盆里。直接将栽种在塑料花盆里的植物摆放在房间内会不太美观。将植物移栽到自己喜欢的花盆中，或者挑选一个精美的盆套，经过这样的装饰，植物会更加引人注目。

如下例所示，即使是同一种植物也会因花盆的材质、颜色及外形的差异而呈现出不同的风格。也就是说花盆会影响绿植的风格。挑选花盆的原则之一是花盆应与植物叶片的颜色和质感相搭配。

将植物栽种在花盆里时，需要考虑植物的整体平衡性。对于树木，如下一页所示，如果花盆与植物整体形成菱形或酒杯形，那么即使园艺初学者也能够容易地取得两者之间的平衡。

同一种植物也会因花盆不同展现不同的风格

即使是同一种植物也会因花盆的形状、颜色及质感的差异呈现出完全不同的风格。

厚重与自然（艳红合欢）

左侧的植物是质感粗壮的盆景风格造型，选用质感厚重且色调深沉的花盆。左侧的植物则枝干纤细略有弯曲，选择与之相搭配的颜色柔和淡雅的花盆。

轻快感与安定感绿（帝王蔓绿绒）

为左侧的植物选用了细长的花盆，整体呈现出高挑灵动的风格，适合摆放在沙发旁边或房间内的角落。为右侧的植物选用了较矮的花盆，给人安定沉稳的印象，适合摆放在窗边。

重要提示 Caution!

购买植物幼苗时的注意事项

购买时先要观察叶片是否有光泽，是否有害虫。园艺初学者或对植物的培育及养护方法不够了解的人，最好去室内绿植专卖店或园艺店购买。有些植物原本摆放在店铺内光线不太充足的地方，买回来后突然将其放在光线充足的地方会给它们带来伤害，因此最好去一家能够给客人提供详细养护常识的店铺。

挑选与植物叶子、叶柄颜色相配的花盆

应挑选与植物叶片的颜色、花纹、质感有共通之处的花盆，这也是与室内装饰氛围相互协调的一种搭配方法。

迎合叶片质感的花盆（彩虹竹芋）

花盆凹凸不平的质感与彩虹竹芋叶片的质感有相似之处。用自然色调的花盆更能突显植物的艳丽色彩。

迎合叶片花纹的花盆（美叶印度榕）

叶片的花纹与花盆上凸凹不平的纹路有着相似之处。花盆的色调与植物的叶色相近，能够凸显红绿相间的叶片的美感。

根据叶色挑选的花盆

（上图：竹芋属植物）

根据叶片的冷暖色调的不同选择合适的花盆。如果同时摆放几盆植物，还需根据植物的品种来选择花盆的式样。

（下图：'Red Chestnut'莺歌凤梨）

选用与植物的铜色叶片相协调的金属质感的花盆，更加突显叶片内外侧颜色的差异。

考虑植物姿态与花盆之间的平衡

将形态各异的植物与花盆组合在一起，可以形成不同造型的盆栽。其中，菱形与酒杯形是比较容易让植物与花盆保持整体平衡的造型。

酒杯形

枝叶上方向左右两侧伸展的植物，与花盆组合成酒杯形状，带给人生动活泼的印象。

端裂鹅掌藤

圆叶蒲葵

菱形

植物上部收拢的植物，与花盆组合成菱形，整体上给人安定沉稳的印象。

金黄百合竹

爱心榕

五、移栽的基本方法

如果植物的根从花盆底部的排水孔伸出，则说明根已经长满了，此时需要换土换盆，进行移栽。将培养土与赤玉土按照1:1的比例混合，再加入一些基肥。喜干燥透气的植物，可多混入一些赤玉土。需注意的是混入过多的赤玉土或者植物根部分量较轻，苗容易松动，最好用铁丝或扎线来固定。

● 常见的土壤

盆底石

以多孔石及轻石为原料，排水性好，分为小粒、中粒、大粒，可根据花盆大小来选用。

培养土

几种土壤混合而成，有利于植物的良好生长。

赤玉土

混入培养土中可提高土壤的透气性。通常使用小粒，也可根据植物的大小来选用中粒或大粒赤玉土。

基肥

移栽时可混入土壤中。一般化学基肥具有速效性的特征，有机基肥具有迟效性的特征。上图中的基肥就是迟效性的。

● 进行移栽时所需工具

1. 花盆底网
2. 园艺扎线（也称园艺线。比铁丝柔软且不易生锈。但也并非一定要使用。）
3. 筒铲
4. 镊子（进行一些细节操作时会用到）
5. 剪刀
6. 较为结实的木棍（也可使用一次性筷子）

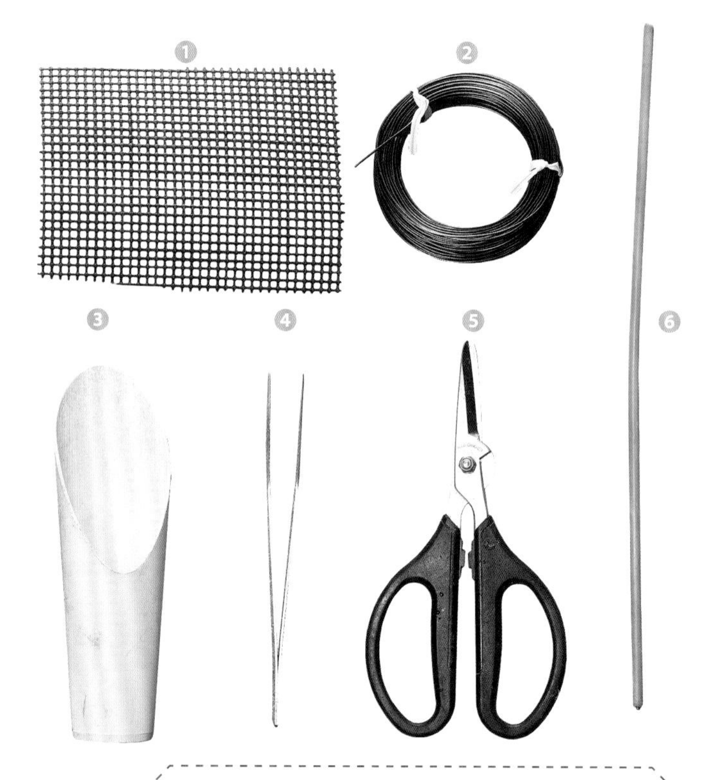

● 移栽植物

以高度约为20cm的断裂鹅掌藤为例。

花盆

本案例使用带有凸凹不平条纹的素烧陶器花盆。

重要提示 Caution!

防止植物松动摇晃的方法

由于花盆深度较浅或植物根部分量较轻，植物（特别树木或仙人掌）栽种后会出现松动摇晃的现象。为防止出现这样的情况，可铺一层花盆底网并用两根园艺扎线穿过底网与排水孔，然后将植物栽入花盆，再用园艺扎线固定住植物的枝干。

1 铺设花盆底网

将园艺线呈U字形穿过花盆底网与排水孔，花盆底网铺在花盆的排水孔，园艺线两端固定在花盆底部。

2 放入盆底石

在花盆中放入厚度约为2cm的盆地石。盆底石的分量可根据花盆的大小进行调整。如果花盆较深，为提高排水透气性能，可多放入一些。

3 去掉根部多余的土

拔出植物时尽量不要让根部的泥土团崩塌。将根上部的土及苔藓去掉。用剪刀将缠绕成一团的细根拆开，剪掉已经枯萎的部分和上面的杂草，并轻轻抖掉多余的土壤，只保留拔出时三分之二分量的土壤即可。

4 将植物植入花盆

将植物植入花盆，装入培养土、赤玉土和基肥的混合土壤，注意不要装满，要在土壤与花盆上部边缘之间留出约2cm的储水空间。

5 压实土壤

用木棍压实土壤，除去土壤中的空隙。栽种完成后需充分浇水直至水从花盆底部的排水孔流出。

图鉴

最受欢迎的室内绿植

下面将为大家介绍一些适合用来装饰室内，并且易于栽培及养护的植物，有些是一直来都很流行的室内绿植，有些是最近备受瞩目的新品种。

图鉴的阅览方法

Ⓐ 植物名称

植物最常用的通称，大部分是学名，有些是俗称。如果有别称也一并记载。

Ⓑ 科、属、拉丁名

同科同属的植物有很多共通的性质，以供您在栽培及养护时参考。

Ⓒ 原产地

列出了大致的原产地范围，如果是分布较广的植物，则只列出其主要的原生地区。

Ⓓ 日照

将植物喜好的日照条件分为以下三种。如果同时列出几个图标，则代表该植物适应任何光照条件，或者代表春秋两季适宜将其放置于在日照充沛之处，而夏季则要避免阳光直射，需遮挡部分强光。

需要充沛的日照

日照不足会导致叶片脱落及生长不良，因此春秋两季应尽量将其放置于户外或阳台等光线充足的地方。

适宜散射光线

夏季应避免阳光直射，否则会造成叶片的灼伤。最好放在有窗帘遮光或无直射光线的明亮场所。而冬季则要放在能够照射到阳光的地方。

喜好明亮的背阴处

夏季需避免阳光直射，一年四季都应将此类植物放置于明亮的背阴处。冬季，应放在室内光线充足、较明亮的地方。

Ⓔ 耐阴性

具有耐阴性的植物在光线不足的情况下也能够生长，但并不代表这类植物不喜光照。

Ⓕ 最低温度

不会对植株造成损伤的最低温度的极限。如果低于这个温度，植株会难以生长，也可能枯萎，所以需格外注意。

Ⓖ 高度

本书所记载的植物高度并非是其在原生地的高度，而是一般家庭在室内栽培此类植物时，能够做到很好地养护管理的高度极限。当然这只是大致的数值，在很多情况下会超过会无法达到这样的高度。

Ⓗ 特征

Ⓘ 养护管理要点

能够保证植物健康生长的一些养护常识。

Ⓐ —— ▼**琴叶榕**

Ⓑ —— 科·属 桑科，榕属

拉丁名 *Ficus Lyrata*

Ⓒ —— 原产地 非洲热带地区

Ⓓ —— 日照 需充沛日照，夏季应避免阳光直射

Ⓔ —— 耐阴性 否

Ⓕ —— 最低温度 5℃

Ⓖ —— 高度 40cm ~2m

Ⓗ —— 其叶片形似提琴，由此得名。线条柔软的枝干与略微卷曲的叶片极具魅力。其小型品种“小叶琴叶榕”也非常受欢迎。

Ⓘ —— 如若将其放置于光照较差的地方，则容易发生叶蜱、介壳虫等虫害，因此需要保证充足的日照。

作为主角的树木类绿植

以下将为大家介绍一些可以成为室内绿植装饰中的主角的植物。这些植物中，即使相同的品种，也可通过修饰而展现出风格各异的姿态。

榕属植物

在本书39~42页中介绍的是榕属植物。它们大多对环境的适应能力极强，非常适合作为室内绿植。这些植物基本上都喜好光照，但夏季需避免阳光直射，否则会导致叶片灼伤。有些品种则需要稍微遮挡强光。浇水一般要遵循“见干见湿”的原则，盆土表层干燥后就要进行大量浇水，直至水从花盆底渗出。温度较高的时期，应经常给叶片补充水分，预防虫害的发生。

▲柳叶榕

科·属　桑科，榕属

拉丁名　*Ficus binnendikii*

原产地　亚洲热带地区、波利尼西亚、东南亚、热带雨林气候区

日照

耐阴性　略有

最低温度　10℃

高度　1.5~3m

柳叶榕姿态秀雅，叶片下垂，给人清凉舒爽的感觉。喜光照，日照不足会造成叶片损伤，或无法长出新芽。

养护管理要点

夏季是其生长期，需频繁浇水，气温较高时则需给叶片补充水分。如果日照不足或通风不好，春秋两季易发生叶蜱、介壳虫病等虫害。通过给叶片喷水再用湿布擦拭的方法可预防虫害的发生。

▼黄果榕

科·属　桑科，榕属

拉丁名　*Ficus benghalensis*

原产地　印度、斯里兰卡、东南亚

日照

耐阴性　是

最低温度　5℃

树高　50cm ~3m

黄果榕树枝干和叶脉都呈白色，圆形叶子。其枝干略有弯曲的造型给人时尚高端的印象。姿态秀雅，与自然风格的家居装饰十分相搭。是发芽及生长较早的品种。

养护管理要点

多少具有一些耐阴性，如果长不出新芽则需将其移至光照充足的地方。如果植株生长得过于高大，可在4月中旬~5月期间进行修剪，这样到了夏季其树形就会重新形成。此外，如果任其枝干随意伸展，则会引起叶片脱落，影响其姿态。

▲**爱心榕**

科·属 桑科，榕属

拉丁名 *Ficus umbellata*

原产地 非洲自西部到中部的热带洼地

日照 ☀ ☀

耐阴性 无

最低温度 10℃

高度 1～3m

是榕属植物中较为珍贵的品种，其叶色清秀，给人柔软细腻且明亮的印象，非常适合在室内观赏，是极具人气的室内绿植之一。

养护管理要点

喜光，一年四季皆可放在光线充足的场所。生长较快，需要定期修剪。如果枝干上冒出芽，则需要剪掉芽的先端。

▶**高山榕**

科·属 桑科，榕属

拉丁名 *Ficus altissima*

原产地 印度、缅甸等亚洲热带地区

日照 ☀ ☀

耐阴性 略有

最低温度 5℃

高度 50cm～3m

高山榕给人的印象是柔软细腻，轻柔多姿的枝干十分优美。叶片绿色，有的带斑纹。非常适合自然风格或是简约风格的室内。

养护管理要点

盆土干燥后再浇水即可。虽然具有耐阴性，但为了保证健康生长，应尽量将其放在光线充足的地方。

▲**菩提榕**

科·属 桑科，榕属

拉丁名 *Ficus religiosa*

原产地 亚洲热带地区、波利尼西亚、东南亚、热带雨林气候区

日照 ☀ ☀

耐阴性 无

最低温度 10℃

高度 20cm～2m

菩提榕的叶呈心形，先端较长。相较于其他榕属植物，菩提榕的叶子较薄。据说佛祖释迦牟尼就是在菩提榕树下大彻大悟而成佛的，因此，菩提榕也被视作佛教的圣树。

养护管理要点

需保证充足日照，日照不足，会导致叶片脱落，叶子颜色变为枯黄，无法长出新芽。从初夏至秋季应尽量放置于室外，且避免阳光直射。需要注意的是，如果将其突然由室内移至户外，强烈的阳光会灼伤其叶片，所以最好逐步地向明亮的地方移动。

◀锈叶榕

科·属 *Ficus rubiginosa*　耐阴性 略有

拉丁名 澳大利亚　最低温度 5℃

日照　高度 30cm ~ 2m

由法国的植物学家发现，因此也被称为法国榕。叶肉肥厚、有光泽，是榕属植物中的小型品种。特征是有气根，非常适合装饰时尚现代风格的室内。

养护管理要点

日照不足及通风不好时极易发生叶蜱、介壳虫等虫害。枝干柔软因此容易弯曲，如果树形不好，可在5~6月期间进行修剪，以便能形成姿态秀雅的树形。

▶印度榕

科·属 桑科　榕属

拉丁名 *Ficus elastica*

原产地 亚洲热带地区

日照

耐阴性 略有

最低温度 5℃

高度 50cm ~ 2m

因其树液曾作为橡胶的原料而被人们所熟知。叶片宽大，与各种风格的室内装饰都非常相配，且易于养护及管理。

养护管理要点

日照不足会引起叶子徒长，且印度榕的叶片较重，会造成枝干下垂。要定时修剪叶片，让枝干能够茁壮生长。最好放置于光照充足的地方。此外，最好时常用湿布擦拭叶片。

美叶印度榕

绿、红灰、乳白三色夹杂的叶子非常奇特。

黑叶印度榕

褐色叶子，有光泽。姿态优雅，魅力十足。

▼琴叶榕

科·属	桑科，榕属
拉丁名	*Ficus lyrata*
原产地	非洲热带地区
日照	☀ ☀
耐阴性	无
最低温度	5℃
高度	40cm ~2m

其叶片形似提琴，由此得名。线条柔软的枝干与略微卷曲的叶片非常有魅力。其小型品种“小叶琴叶榕”也极具人气。

养护管理要点

将其放置于光照较差的地方，容易发生叶蜱或介壳虫等虫害，因此需要保证充足的日照。

小叶琴叶榕

▶垂叶榕

科·属	桑科，榕属
拉丁名	*Ficus benjamina*
原产地	亚洲热带地区、印度
日照	☀ ☀
耐阴性	略有
最低温度	5~10℃
高度	15cm ~3m

垂叶榕叶茂密，枝小略垂，姿态婆娑。枝叶生长较快，且修剪处会长出新芽，因此需经常修剪，否则会影响美观。

养护管理要点

喜光，因此尽量放在光照充沛之处。空气过于干燥或其他环境不适会造成叶片脱落，需要注意。

▲细叶榕

科·属	桑科，榕属
拉丁名	*Ficus microcarpa*
原产地	东南亚、中国台湾、日本冲绳
日照	☀ ☀
耐阴性	无
最低温度	5℃
高度	30cm ~2m

在原生地树高可达20m，被认为是寄宿着神明的“神木”。细叶榕大小不一，形态多样。有些枝干粗壮，而有些则柔软纤细。其树枝上有向下生长的垂挂“气根”。将其粗壮的根露出的造型极具人气。

养护管理要点

不喜干燥，最好摆放在稍微潮湿的地方。待盆土表面干燥时再大量浇水即可，最好用喷雾的方式给叶片补充水分，这样也可以增加空气的湿度。如果根部发生阻塞会影响其生长，所以尽量每隔两到三年进行一次移栽。需要充足的日照和良好的通风，春秋两季尽可能将其放置于室外日照充足处。日照不足会引起叶色变黄及叶片脱落，需要注意。

‘金公主’斑叶垂叶榕

鹅掌柴

科·属 五加科，鹅掌柴属

拉丁名 *Schefflera*

原产地 中国南部、亚洲热带地区、大洋洲

日照 ☀ ☀ ☀

耐阴性 有

最低温度 5℃

高度 30cm ~ 2m

鹅掌柴品种众多，枝干柔软，可形成各种造型，是非常受欢迎的绿植，并适合室内养护。

养护管理要点

鹅掌柴可适应任何环境，但需注意的是，如果日照不足或通风不好则易发生叶蜱等虫害。耐干旱，可盆土表层干燥后充分浇水。如果日照不太充足，可降低浇水的频率，以便能够生长出良好的株形。特别是冬季，一定要控制浇水量。但空气干燥时，则需给叶片补充水分，防治病虫害的发生。

▲ **斑叶鹅掌藤**

日照 

带有斑点的品种，接受阳光直射时会长出绿叶。不过没有耐阴性，应尽量将其放在有散射光线的明亮之处。

◀ **端裂鹅掌藤**

叶片前端裂开，形似金鱼尾。小巧可爱，是极有人气的室内绿植。

◀ **鹅掌藤**

是鹅掌柴中最受欢迎的品种。通常说到鹅掌柴时，指的就是这个品种。易于栽培及养护，生命力强。有着圆形小叶的香港鹅掌藤在日本也被称为“kappoku”。

▲ **辐叶鹅掌柴**

狭叶鹅掌柴的园艺品种。叶大，有存在感，叶片上带有深深的纹路，先端尖锐。生长缓慢，适合作为室内绿植。

▲**多蕊木**

科·属 五加科，鹅掌柴属

拉丁名 *Schefflera pueckleri*

原产地 分布于印度阿萨姆地区至马来半岛

日照 ☀

耐阴性 无

最低温度 10℃

高度 80cm～3m

外形与鹅掌藤相似，但叶片大且呈暗绿色。枝干柔软，容易塑造出各种形态，适合喜好奇特姿态的植物的人。

养护管理要点

放在背阴处会发生徒长而造成根部腐烂，因此最好放在日照较为充足之处。生长较快，可适当地进行修剪以调整株形。此外，需要修剪相互重叠的枝，保证良好的透气性，这样可预防病虫害。不耐寒，冬季需细心呵护。

▼**南洋参**

科·属 五加科，南洋参属

拉丁名 *Polyscias*

原产地 广泛分布于波利尼西亚及印度

日照 ☀ ☀ ☀

耐阴性 有

最低温度 10℃

高度 10cm～2m

南洋参品种众多，其中叶片上带有细小开裂的羽叶南洋参最具人气。南洋参叶形叶色富于变化，株形丰满。喜光，但适应环境的能力极强，即使光照较少也可长出新芽。

养护管理要点

不耐寒，最好放置于温度为20℃左右的地方，且注意温度不要骤升或骤降。冬季注意控制浇水量，浇水过多会导致植株病弱，尽量将其移至温暖干燥之处。如果光照不足，则要降低浇水的频率。此外，最好用湿布擦拭叶片补充水分，也可减少病虫害的发生。

羽叶南洋参

◀**孔雀木**

科·属 五加科，孔雀木属

拉丁名 *Schefflera elegantissima*（*Dizygoteca elegantissima*）

原产地 南太平洋诸岛

日照 ☀ ☀

耐阴性 无

最低温度 5℃

高度 1～2m

叶细长，具有粗齿锯叶缘。为热带树木，在其原生地可高达8m。可适应较低的温度，但注意温度不宜过低，是比较容易培育的植物。

养护管理要点

喜好日照充沛的环境，但夏季应避免阳光直射。冬季降低浇水的频率，环境可稍微干燥一些。日照不足或通风不好则易发生叶蜱或介壳虫等虫害。给叶片补充水分能起到预防作用。

◀艳红合欢

科·属 豆科，朱缨花属

拉丁名 *Cojoba arborea var. angustifolia*

原产地 中南美洲

日 照 ☀ ☀

耐阴性 略有

最低温度 5℃

高 度 30cm～3m

艳红合欢的叶子在白天展开，日落后闭合，非常有特色。植株整体给人印象纤细柔软，适合自然、时尚、复古等各种室内装饰风格。喜好光照，适应环境后即使在背阴处也能长出新芽。需要注意的是，如果日照不足或通风不好，容易发生叶蜱、介壳虫等虫害。

养护管理要点

夏季易缺水，尽量在盆土还未干燥时就浇水；冬季则可在盆土表面干燥后浇水。根部容易堵塞，一旦根从盆底的排水孔漏出，就需换土换盆，进行移栽。生长较快，需要定期修剪，可将下垂的老叶剪掉，减少叶片数量。

◀黄槿

科·属 锦葵科，木槿属

拉丁名 *Hibiscus tiliaceus*

原产地 热带及亚热带沿海地区

日 照 ☀ ☀

耐阴性 无

最低温度 10℃

高 度 1～2m

多生长在沿海、河港两岸及热带、亚热带的红树林地区。叶圆，叶片基部似心形。花瓣大，盛开时为黄色，傍晚变为橘色并逐渐掉落。

养护管理要点

一年四季都需保证日照充足。可在盆土表层干燥后再浇水，但需大量浇水直至水从盆底溢出。夏季容易干燥，需频繁浇水。根部阻塞会妨碍植株的生长，如果根从盆底的排水孔伸出，可以在4～5月期间进行移栽。

◀瓜栗（发财树）

科·属 木棉科，瓜栗属

拉丁名 *Pachira*

原产地 美洲热带地区

日 照 ☀ ☀ ☀

耐阴性 有

最低温度 5℃

高 度 30cm～3m

生长较快，通过一些方法可使其枝干变得粗壮或弯曲，塑造出各种姿态的树形，适合各种风格的室内。生命力顽强且具有耐阴性，即使园艺初学者也可轻松培育和养护。

养护管理要点

具有一定的耐阴性，在日照不太充足的地方也可以生长。喜干燥，在日照不足的情况下，如果浇水过多，会造成枝干生长缓慢。此外，夏季应避免阳光直射，否则会灼伤叶片，最好将其放在明亮的背阴处。

龙血树

(科·属) 天冬门科，龙血树属
(拉丁名) *Dracaena*
(原产地) 非洲与亚洲的热带地区
(日照) ☀ ☀ ☀
(最低温度) 5℃
(高度) 30cm ~ 1.5m

具有细长的枝干及弯曲的姿态。有些品种的叶片细长，有些品种的叶片宽大。

养护管理要点

在生长期应保证日照充足，而夏季应避免阳光直射，以免灼伤叶片，可将其放在明亮的背阴处养护管理。其茎部会朝向太阳伸展，因此需要时常转动花盆的方向。植株长得过高时，可在春季的4～5月进行修剪，这样年内还会长出新芽。从根部长出新芽会造成叶子枯萎，要将其剪掉。耐干旱，可不必频繁浇水。

彩虹龙血树

▲彩虹龙血树

(日照) ☀ ☀　(耐阴性) 略有

叶片细软，叶色整体嫩绿，细看边缘呈红色，中间红黄白三色交替。主干垂直向上伸展，因为枝干柔软，可使其弯曲，塑造出形态各异的造型。

▶密叶龙血树

(日照) ☀ ☀　(耐阴性) 有

香龙血树的一种，具有耐阴及耐寒性，生命力顽强，易于培育及养护。

叶色美丽的植物

叶色多彩、叶形奇特的植物容易给室内增添韵味。将叶色不同的植物搭配组合在一起，相互映衬，十分美丽。

朱蕉（千年木）

科·属 百合科，朱蕉属

拉丁名 *Cordyline fruticosa*

原产地 东南亚、澳大利亚、新西兰

日照 ☀☀

耐阴性 无

最低温度 5℃

高度 30cm ~2m

叶片带有红、黄色条纹，叶色多彩，株形美观。特征是具有肉质的根茎。在夏威夷被用于装饰草裙舞舞裙及用具。

养护管理要点

如果日照充足，叶子会变得更加艳丽。不过夏季应避免阳光直射，以免灼伤叶片。可将其放在明亮的背阴处或有窗帘等物可遮挡强光处。一年四季都需给叶子补充水分，这样也可起到预防虫害的作用。如果日照不足或通风不好则易发生病虫害。

▲**亮叶朱蕉**

日本爱知县研发的新品种，新芽近红色，叶紫红色并带有红色条纹，色泽亮丽，博人眼球。

▶**彩叶朱焦**

深绿色叶片上带有淡红色条纹，是非常流行的品种，其多彩的色调极具魅力。

仙戟变叶木

◀**变叶木（洒金榕）**

科·属 大戟科，变叶木属

拉丁名 *Codiaeum variegatum*

原产地 广泛分布于马来半岛及太平洋诸岛

日照 ☀

耐阴性 无

最低温度 10℃

高度 50 cm ~1.5m

常见的观叶植物，在热带地区常栽种于庭院。因叶色及叶形变化多样被称为“变叶木”，其浓郁的热带气息受到人们的喜爱。照片中变叶木的叶色与花盆的颜色相互映衬，非常漂亮。

养护管理要点

一年四季皆需放于日照充足处，如果有直射光线，叶片会变得更加艳丽，因此在其生长期的5月下旬至9月中旬期间，最好放在阳台等室外。春秋两季需在盆土表面干燥缺水后浇水。冬季如果放在有暖气的房间，则会因干燥缺水而导致叶片掉落，需要时常给叶子补充水分。不耐寒，冬季应放在较为温暖的场所。

▼肖竹芋

科·属 竹芋科，肖竹芋属

拉丁名 *Calathea*

原产地 美洲热带地区

日 照 ☀

耐阴性 基本没有

最低温度 10℃

高 度 约60cm

肖竹芋的叶片多带有形态各异的花纹，是易于在室内培育及养护的植物。到了夜晚，其叶片会闭合，即进行所谓的“休眠”。

养护管理要点

整年都要放在无直射光线的明亮之处，需注意的是，如果日照不足会引起叶片病弱。在春秋两季的生长期可待盆土表层干燥后再充分浇水，同时需要给叶片补充水分。冬季则在盆土彻底干燥且表层颜色变白后再过3~4日浇水。

彩虹竹芋

叶近黑色，带有粉红色花纹，是非常稀有的叶色。

哥氏白脉竹芋

叶片中央带有淡绿色的不规则斑点，并有线状的红色条纹。

▲竹芋

科·属 竹芋科，竹芋属

拉丁名 *Maranta*

原产地 美洲热带地区

日 照 ☀

最低温度 10℃

高 度 10~30cm

多生长于南美地区热带雨林的草丛中。叶片带有与众不同的美丽花纹，极具魅力。到了夜晚其叶片会闭合。

养护管理要点

与肖竹芋基本相同。

小红剑

◀莺哥丽穗凤梨（莺歌凤梨）

科·属 凤梨科，莺歌属

拉丁名 *Vriesea*

原产地 中南美洲、西印度群岛

日 照 ☀

耐阴性 略有

最低温度 10℃

高 度 20cm ~ 1m

凤梨科植物有叶色、花色各异的众多品种。其中，莺歌属略有耐阴性，是易于在室内培育养护的植物。

养护管理要点

不喜强光，最好放在有窗帘等物可遮挡强光之处。叶片上有贮水筒，生长期叶片会在此储存水分。冬季可待盆土表层干燥后再过数日浇水，尽量不要让叶片储存水分。小红剑喜欢吸收空气中的水分，空气较为干燥的冬季，在比较温暖的时间可以通过喷雾的方法给叶片补充水分。

▲彩叶凤梨

科·属 凤梨科，彩叶凤梨属

拉丁名 *Neoregelia*

原产地 南美洲

日 照 ☀☀

耐阴性 无

最低温度 10℃

高 度 10~40m

主要分布于南美洲，品种多达100种，多附生于树木及岩石上。叶丛生成筒状，并具有贮水功能。开花时，花瓣虽不太引人注目，但叶片中心会呈现红色或紫色，多彩亮丽。

养护管理要点

与小红剑基本相同。

草胡椒

科·属 胡椒科，草胡椒属
拉丁名 *Peperomia*
原产地 广泛分布于热带及亚热带地区
日照
耐阴性 略有
最低温度 10℃
高度 10～30cm

叶形及叶色多种多样，有直立型、垂落型等形态各异的园艺品种。在合适的环境会生长得非常良好。易于养护管理，园艺初学者也可培育养护。有很多姿态独特及带有叶柄的品种，容易成为室内装饰的亮点。

养护管理要点

喜欢柔和的散射光，春秋两季可放置于有窗帘遮挡强光之处，夏季也不要阳光直射，可放在明亮的背阴处。但同时需注意的是，光照不足也会造成茎部生长缓慢，叶子无光泽。草胡椒叶厚并可储存水分，不喜潮湿，放在背阴处时需注意不要大量浇水。

▲ 皱叶椒草

叶丛生于茎顶部的小型品种，其特征是叶表褶皱不平。高度为10～15cm，可用于装饰在柜子上等。

▲ deppeana草胡椒

有香气。椭圆形小叶丛生，茎向四周伸展。高约30cm。

▲ 斑叶垂椒草

嫩绿色并带有淡黄色大理石斑纹的圆形叶片极具魅力。

▲ 剑叶豆瓣绿

具有鲜绿色叶片与淡绿色叶脉，纤细且有魅力，有些叶缘带有红色。

▲ 琴叶椒草

多肉质的叶片具有贮水功能，可不必给叶片提供水分。

金脉单药花

◀ 单药花

科·属 爵床科，单药花属
拉丁名 *Aphelandra*
原产地 美洲亚热带地区
日照
耐阴性 有
最低温度 10℃
高度 30cm ～1m

多生长于森林中较为潮湿的背阴处，常见的是金脉单药花的园艺品种。叶脉优美，花苞极具魅力。

养护管理要点

一年中都要放在无强光直射的明亮之处，但如果阳光不足也会造成叶片病弱。春秋两季的生长期可待盆土表层干燥后再充分浇水，同时也要给叶子补充水分。冬季则待盆土表面干燥后再过3～4日后浇水即可，日间较为温暖时可给叶子补充水分。

形态奇特的植物

下面将介绍一些形态奇特的植物，它们可成为室内绿植装饰的亮点。

◀滨玉蕊

科·属　玉蕊科，玉蕊属

拉丁名　*Barringtonia asiatica*

原产地　亚洲的热带地区

日　照　☀

耐阴性　无

最低温度　10℃

树　高　30~50cm

滨玉蕊的果实形似棋盘脚，因此也被称为棋盘脚树。人们往往会被其奇特的形状所吸引。

养护管理要点

一年四季需放置于无强光直射的地方。在春秋两季的生长期，可在土壤表层干燥后再充分浇水。需要给叶片补充水分，以预防叶蜱、介壳虫等虫害。

▶鹤望兰

科·属　鹤望兰科，鹤望兰属

拉丁名　*Strelitzia*

原产地　南非

日　照　☀ ☀

耐阴性　无

最低温度　5℃

树　高　80cm ~2m

不同品种的鹤望兰姿态各不相同。金色鹤望兰（天堂鸟）的花色为艳丽的橘色。而棒叶鹤望兰的枝干直立挺拔，叶呈棒状，有些叶顶端呈汤匙状，适合用来装饰现代风格的房间。

棒叶鹤望兰

养护管理要点

日照不足会导致叶子下垂，无法长出新芽，因此需保证日照充足。不过，夏季应避免阳光直射。喜干燥，在春秋两季的生长期，可在盆土表层干燥后再浇水。冬季可略微干燥一些，应减少浇水次数。

▼南美铁树

科·属　泽米铁科，美洲树属

拉丁名　*Zamia pumila*

原产地　北美南部、墨西哥

日　照　☀

耐阴性　略有

最低温度　5℃

树　高　25cm ~2m

南美铁树粗壮的茎部几乎都在土壤中，叶自茎部丛生并向四周伸展。较老的植株生长迟缓，树形不易改变，是易于栽培及养护的植物，也是非常适合在室内观赏的植物。

养护管理要点

夏季需避免阳光直射，一年四季都应放置于无强光照射之处。不喜潮湿，浇水需根据土壤状态及摆放场所进行适度地调整。一般情况下，春秋两季一周浇水1~2次，夏季则需每天浇水，而冬季每月浇水1~2次即可。需注意的是，冬季如浇水过多会导致烂根。另外，也需要给叶片补充水分，这样可以预防虫害。

▶红雀珊瑚（大银龙）

科·属　大戟科，红雀珊瑚属

拉丁名　*Pedilanthus tithymaloides*

原产地　美洲热带地区

日　照　☀

耐阴性　无

最低温度　5℃

树　高　30cm ~1m

茎肉质、分节，呈"之"字状扭曲伸展，也被称为百足草。叶子边缘略卷曲，叶片带有白色或嫩绿色斑纹。冬季叶片会变为红色，天气较冷时叶片会掉落。

养护管理要点

需保证日照充足，这样叶色会变得亮丽且枝干粗壮挺拔。但夏季应避免阳光直射，有窗帘遮挡的散射光线即可。一旦土壤干燥即可浇水，并彻底浇透至水从盆底渗出。冬季在土壤干燥后再过3~4日再浇水。

棕榈科植物

棕榈科植物具有独特的造景功能，并且易于栽培及养护。

棕榈科植物的养护管理要点

需避开强烈的阳光，以免强光灼伤叶片。夏季可放置于有窗帘遮挡强光处或较为明亮的背阴处。但也需避免日照不足，否则叶片颜色会枯黄或发生虫害。待土壤干燥后再进行浇水即可。此外，一年四季都需给叶片补充水分，可预防虫害。如果根从盆底的排水孔伸出，则说明根系长得太满，吸水功能恶化，需进行移栽。一般来说最好每2～3年进行一次移栽。

◀袖珍椰

科·属 棕榈科，竹节椰属

拉丁名 *Chamaedorea elegans*

原产地 墨西哥、南美洲

日照 ☀☀

耐阴性 有

最低温度 5℃

高度 20cm～3m

具有耐阴性，生长缓慢，树形不易发生变化，适合在室内栽培养护。且耐寒，因此可放置于玄关等处。

▶窗孔椰子

科·属 棕榈科，窗孔椰子属

拉丁名 *Reinhardtia gracillis*

原产地 墨西哥、中美洲

窗孔椰子叶形奇特，叶片沿中轴两侧有排列整齐的孔。

▶鱼尾椰子（燕尾葵）

科·属 棕榈科，葵属

拉丁名 *Chamaedorea tenella*

原产地 墨西哥东部

日照 ☀☀☀

耐阴性 有

最低温度 5℃

树高 50cm～1.5m

具有耐阴、耐寒及耐干燥性，不易发生虫害，是易于培育养护的品种。在光线较弱时叶片会变为银色。橘色的花瓣与绿色的叶片对比鲜明，魅力十足。

▼圆叶蒲葵

科·属 棕榈科，蒲葵属

拉丁名 *Livistona rotundifolia*

原产地 印度尼西亚、东南亚的热带雨林

日照 ☀☀

耐阴性 略有

最低温度 5℃

高度 80cm～1.5m

与普通的蒲葵相比，叶片分裂部分较短，呈扇形。在原生地树高可达30m，常被作为行道树或绿化树种植。

天南星科植物

天南星科植物的叶片形状奇特、色彩美丽，是极受人们喜爱的观叶植物。其中一些品种的肉穗花序外面包有形状独特的佛焰苞，极具魅力。

喜林芋（绿蔓绒）

科·属 天南星科，喜林芋属
拉丁名 *Philodendron*
原产地 南美洲
日照 ☀ 最低温度 10℃
耐阴性 无 高度 15cm ~ 1.2m

喜林芋喜欢攀缘着树木生长，其拉丁名*Philodendron*的意思就是“喜欢树木”。大多数喜林芋都为蔓生型，即使是直立型品种其枝干也略微弯曲，姿态婆娑。喜林芋属植物叶形奇特，色彩多样。

养护管理要点

需一年四季放置于无阳光直射的明亮场所，但如果光线不足会影响叶子的生长。在春秋两季的生长期，可待土壤表层干燥后再浇水。而冬季则待土壤表层彻底干燥并颜色发白后再过3~4日浇水，并且尽量在上午浇水。注意不要大量浇水，可稍微干燥一些。因其喜好空气中的湿气，最好能给叶片补充一些水分，可以预防叶蜱、介壳虫等虫害。

▶红宝石

叶色多彩的品种，需注意的是，日照不足会使叶色变得暗淡。

▶银叶绿蔓绒

银色的叶片非常美丽，也由此而得名。日照不足会造成叶片弱小，需摆放在适合的场所。

▲绿帝王

叶片大且有光泽，是姿态非常优美的蔓绿绒品种。

▲心叶蔓绿绒

蔓生品种，特征是叶片酷似心形。叶片多为绿色，有些品种带有灰色斑点。耐阴性较强，也比较耐寒，是比较易于培育养护的品种。

▲绿公主

小巧且具有耐阴性，易于培育养护。需注意的是，如果日照不足或通风不好则极易发生虫害，不要将它放置于不利于其生长的环境中。

▲仙羽蔓绿绒(小天使)

科·属 天南星科，喜林芋属
拉丁名 *Philodendron xanadu*
原产地 南美洲
日照 ☀
耐阴性 略有
最低温度 5℃
树高 30～80cm

叶片有光泽并带有3～5处较深的裂痕，是形状酷似风筝的蔓生植物，也作为悬挂绿植来观赏。

养护管理要点

虽说略有耐阴性，但如果日照不足则会造成茎部的徒长。最好将其放置于无直射光线的明亮之处。

▼春羽

科·属 天南星科，喜林芋属
拉丁名 *Philodendron selloum*
原产地 南美洲
日照 ☀☀
耐阴性 略有
最低温度 10℃
树高 30cm～1.2m

属于中型喜林芋，叶片带有折痕，气根缠绕枝干，姿态非常奇特。无论是亚洲古典风格还是时尚现代风格的室内都可以用它来装点。

养护管理要点

需保证日照充沛，环境可以稍微干燥一些。如果叶茎过长则可能是浇水过多引起的。而叶片过于宽大则是缺少水分导致的。

▲掌裂蔓绿绒

科·属 天南星科，喜林芋属
拉丁名 *Philodendron pedatum*
原产地 南美洲
日照 ☀
耐阴性 略有
最低温度 5℃
高度 20cm～3m

特征是叶片呈羽状深裂，是非常受欢迎的一种喜林芋品种。气根蜿蜒、树形优美，极具人气。

养护管理要点

虽然是具有耐阴性的植物，但也不能长期日照不足，否则会导致植株的生长不良。冬季应放置于阳光能照射到的地方。

▼龟背竹

科·属 天南星，龟背竹属
拉丁名 *Monstera*
原产地 巴西
日照 ☀☀
耐阴性 略有
最低温度 10℃
树高 50cm～3m

龟背竹叶大且叶形奇特，孔裂纹状，极像龟背。枝干略微弯曲，形态优美，适合在室内观赏。因叶片极大，所以最好选用稍大一些且有安定感的花盆。

养护管理要点

整年中都应放置于无直射光线的明亮场所，并确保空气中含有一定的水分，但无须大量浇水。

海芋属

科·属：天南星科，海芋属
日照：
耐阴性：无
拉丁名：*Alocasia*
最低温度：5℃
原产地：亚洲热带地区
高度：30cm ~ 1m

海芋叶形奇特且有魅力，有小叶及大叶等众多品种，叶片的颜色及质感各不相同。有些品种的叶片质感如同丝绒，而有些品种的叶片则有如同金属般的光泽。生命力顽强，园艺初学者也能轻松地进行培育养护。

养护管理要点

整年都要放置于无直射光线的明亮场所。春秋两季的生长期，待盆土表层完全干燥后再充分浇水，同时需要给叶片补充水分。冬季，在盆土表层干燥后再过3～4日浇水即可。海芋属植物喜干燥，注意不要大量浇水。

▲滴水观音

茎部肥大且有存在感，叶片近圆形，形态可爱。如照片所示，如果将其栽种在四方形的花盆中，可营造出日式风格。

▲尖尾芋

中型海芋属植物，叶片上有斑点，给人的印象是纤细、柔软且时尚。

▲紫背观音莲

银色叶片肉质且带有漂亮的纹路，叶片内侧为紫色。

绿萝

科·属：天南星科，麒麟叶属
拉丁名：*Epipremnum aureum*
原产地：东南亚 所罗门群岛
日照：
最低温度：8℃
耐阴性：有
高度：15cm ~ 1m

蔓生型附生植物，常攀援生长在热带雨林的岩石和树干上，缠绕性强。在严酷的环境中也能生存，园艺初学者也可以轻松养护。有各种叶形及叶色，有些品种的叶片带有黄色或白色斑点，有些品种的叶色为白灰色。

养护管理要点

不喜强光照射，应放置于明亮的背阴处养护。但如果缺少光照则会生长迟缓。春秋两季的生长期，可在盆土表层干燥后再充分浇水。而冬季则在盆土表层干燥后过2～3日再浇水。浇水过量会造成根部腐烂。喜欢吸收空气中的水分，可用喷雾的方式给叶片补充水分，这样不但能促进其良好地生长，同时能预防叶蜱、介壳虫等虫害的发生。枝蔓过长则不易于水分的输送与吸收，需要修剪。

▲'perfect green'绿萝

叶片为嫩绿色的最新品种。具有耐阴性，生长较快，枝蔓向下垂落的姿态十分优美。

▲'enjoy'绿萝

叶片上带有明显的白色斑点的小型品种。生长缓慢，但姿态不易改变。需要注意的是，如果受到阳光直射会造成叶片灼伤，但若日照不足叶片上的白斑就会消失。喜干燥，不宜浇水过多。

▶ **合果芋**

科·属 天南星科，合果芋属

拉丁名 *Syngonium*

原产地 美洲热带地区

日照 ☀

耐阴性 无　最低温度 5℃

高度 20～40cm　长度 20～40cm

原生于茂密的热带雨林，攀援树干向上生长。幼苗根部的枝叶茂密，但将其栽种在较深的花盆中后，其枝叶会向两侧伸展。生命力顽强，适应环境能力强，无须花费时间精心养护也能良好地生长。

养护管理要点

叶片极易被阳光灼伤，因此整年中都应放置于无直射光线的明亮场所。喜干燥，不要大量浇水。喜欢吸收空气中的水分，可通过喷雾的方式给叶片补充水分，不但能促使其更加良好地生长，同时能够预防叶蜱、介壳虫等虫害。

红叶合果芋

叶表为深绿色，而背面为酒红色，非常美丽。

粉锦合果芋

叶脉略微突起，绿白粉三色相间的叶片十分美丽。

▼**亮丝草**

科·属 天南星科，亮丝草属

拉丁名 Aglaonema

原产地 亚洲的热带地区

日照 ☀☀

耐阴性 有

最低温度 10℃

树高 30～50cm

亮丝草又名粗肋草、广东万年青，叶形美丽，品种众多，适应环境能力强且耐干旱，耐阴性，适合在室内栽培。其特点是生长缓慢，枝干挺拔且整齐。

养护管理要点

整年都需放置于阳光直射不到的地方。环境可略微干燥，注意不要大量浇水。喜好高温多湿，可通过喷雾的方式给叶片补充水分，能促进其良好地生长，并且可预防叶蜱、介壳虫等虫害。

银王亮丝草

▲**白鹤芋**

科·属 天南星科，苞叶芋属

拉丁名 *Pathiphyllum*

原产地 美洲热带地区及东南亚

日照 ☀☀

耐阴性 有

最低温度 10℃

高度 20～60cm

富有光泽的深绿色叶子与洁白的花相互映衬，非常美丽。叶片带有斑纹的品种叶子也极具观赏价值。易于栽培及养护，适合园艺初学者。

养护管理要点

叶片极易被阳光灼伤，除冬季以外最好放置于无阳光直射的明亮场所。但是如果日照不足就不会开花。7～9月要保证给予充足的水分；春秋两季则可略微干燥。还需要给叶子补充水分，预防叶蜱、介壳虫等虫害。

蕨类植物

喜欢散射光线的蕨类可以净化空气，其叶片纤细且颜色柔和，是魅力十足的植物。

铁角蕨

科·属 铁角蕨科，铁角蕨属

拉丁名 *Asplenium*

原产地 广泛分布于全世界的热带及亚热带地区

日照 ☀

耐阴性 无

最低温度 5 ℃

高度 30 ~ 80cm

广泛分布于世界各地，品种多样，形状各异。有些品种的叶片呈羽毛状，有些品种的叶片形似海带，也有附生于树木的品种。

养护管理要点

铁角蕨喜好温暖、湿润，且光线散射的环境。需充分浇水，因使用空调而引起空气干燥时应及时补充水分。如果叶子顶端颜色变黄，则说明日照不足或缺少水分。冬季时，在土壤干燥后再过数日浇水即可。夏季高温期则需注意不要太过潮湿。空气不流动或水分过多会引起下部叶片腐烂，因此浇水后需保持通风良好。

‘莱斯利’鸟巢蕨

呈波浪状的叶子顶端有分叉。

◀ **火焰鸟巢蕨**

鸟雀蕨叶厚且硬质，呈波浪状。如果新叶短小一般是缺水引起的，可能是供水不够，空气干燥，也有可能是根系堵塞，需进行移栽。

◀ **鹿角鸟巢蕨**

叶片嫩绿有光泽，并带有褶皱。是易于栽培的品种。

▼ **观音座莲**

科·属 合囊蕨科，合囊蕨属

拉丁名 *Angiopteris lygodiifolia*

原产地 日本南部、中国台湾

日照 ☀ ☀

耐阴性 有

最低温度 10℃

高度 30cm ~ 1m

观音座莲是大型蕨类植物，其如紫萁般的新芽一排排地向外伸展，叶片自其块状茎开始呈放射状展开，是一种具有古韵的植物。

养护管理要点

夏季应避免阳光直射，一年四季都应放置于明亮的背阴处。无需大量浇水，注意花盆底部不要有积水，以免引起根部腐烂发霉。观音座莲喜好高温多湿的环境，其叶片也需补充水分。冬季待土壤干燥后再浇水即可。

▶鹿角蕨

科·属	鹿角蕨科，鹿角蕨属
拉丁名	*Platycerium*
原产地	南美洲、东南亚、非洲及大洋洲
日照	
耐阴性	无
最低温度	10℃
高度	15cm ~ 1m

鹿角蕨株形奇特，其叶片分为宽大的、形似鹿角的孢子叶和缠绕在根部的贮水叶。在其原生地，多附生于树木。二歧鹿角蕨等原产于大洋洲的品种耐寒性较强，在干燥的环境中可忍耐的最低温度为5℃。

养护管理要点

春秋两季应尽量确保日照充足。夏季若阳光直射会造成叶片灼伤，可将其移至明亮的背阴处。春秋两季可2～3日浇一次水，冬季则每周一次。应保证贮水叶的水分充足，但需注意的是，如果叶片上一直有水会引起腐烂。也可以将花盆放入盛着水的水桶里。喜欢吸收空气中的水分，最好也给叶片补充水分。此外，还需保证良好的通风。在生长期应每隔两个月对相互重叠的老贮水叶使用一次迟效性的肥料，促使其更加良好地生长。此外，在生长期容易发生介壳虫虫害，需保证通风良好和日照充足。

▼贯众蕨（蓝星水龙骨）

科·属	水龙骨科，粗脉蕨属
拉丁名	*Phlebodium aureum*
原产地	美洲的热带地区
日照	
耐阴性	略有
最低温度	5℃
高度	30cm ~ 1m

贯众蕨的叶子为银绿色，如羽毛般向外伸展，姿态十分优美。叶片内侧有排成两列的孢子囊，像花纹一般美丽。具有较强的耐寒、耐干燥及耐阴性，是易于养护管理的蕨类植物。

养护管理要点

需避免阳光直射，可放置于有窗帘遮挡强光之处或明亮的背阴处。春秋两季的生长期盆土表层干燥时再浇水即可，同时需要给叶片补充水分。冬季待盆土表层彻底干燥且颜色发白时再过3～4日后浇水即可。

▲骨碎补

科·属	骨碎补科，骨碎补属
拉丁名	*Davallia ricomanoids*
原产地	马来西亚
日照	
耐阴性	有
最低温度	5℃
高度	15～50cm

骨碎补为附生型蕨类植物，在原生地多附生于岩石或树木上。其根状茎上密被蓬松的灰棕色毛。叶片纤细优美，环境适应能力强，易于养护管理。

养护管理要点

夏季需避免阳光直射，可放置于窗帘遮光之处。喜好高温多湿的环境，需要给叶片补充水分，并需保证通风良好。

多肉植物

多肉植物形状独特，茎、叶具有储藏水分的功能。一些品种的形状极具个性，非常有趣。为它们挑选合适的花盆也是一种乐趣。有关多肉植物小型品种的介绍请参照本书82、83页。

虎尾兰

科·属 百合科，虎尾兰属

拉丁名 *Sansevieria*

原产地 非洲，南亚的热带、亚热带地区

日照 ☀☀ 最低温度 10℃

耐阴性 有 高度 10～80cm

因能释放出负离子而备受人们喜爱。虎尾兰品种众多，植株大小及叶片形状各异，株形有直立形和弯曲形。虎尾兰适合用来布置装饰房间，易于养护管理，适合初学者。

养护管理要点

虎尾兰的叶片容易被阳光灼伤，夏季应避免阳光直射。春夏两季在盆土干燥时再浇水，一周一次即可。如果放置于背阴处养护则需减少浇水量。冬季当温度在8℃以下时则无需浇水，当室温达到15℃以上且天气较好时，可少量浇水。可通过分株及插枝的方式繁殖。

▼**短叶虎尾兰**

短叶虎尾兰的叶子由中央向外回旋，叶片短而宽。植株较小，适合摆放在桌上。易于养护管理，适合园艺初学者。

▲**东非虎尾兰**

叶丛生，叶形宽大如兔耳，是大型虎尾兰品种之一。

▼**圆叶虎尾兰（棒叶虎尾兰、筒叶虎尾兰）**

叶肉厚且呈细圆棒状，带有横向的灰绿色虎纹斑，是极具魅力的虎尾兰品种。

▼**‘步行者’虎尾兰**

被视为虎尾兰中的“女王”。姿态独特，端庄大气，叶片灰绿色，叶缘为橙色。

金边龙舌兰

▲**龙舌兰**

科·属 天冬门科，龙舌兰属
拉丁名 *Agave*
原产地 墨西哥、南美洲
日照 ☀ 最低温度 5℃
耐阴性 无 高度 30cm ~ 1m

原生长于中南美洲赤道附近的干燥地带，已知的品种多达100种以上。其特征是叶子顶端有硬刺。一些品种是酿造龙舌兰酒的原料。数十年中仅能开花一次。

养护管理要点

一年四季皆需放置于日照充足的场所。因不喜土壤潮湿，需保持土壤干燥。春秋两季的生长期，待盆土表层干燥后再充分浇水。冬季，当盆土表层干燥后再过3 ~ 5日浇水。龙舌兰不耐寒，冬季应放在室内。

▶**绿珊瑚（光棍树）**

科·属 大戟科，大戟属
拉丁名 *Euphorbia tirucalli*
原产地 东非
日照 ☀ 最低温度 10℃
耐阴性 有 高度 10cm ~ 2m

生长在气候干燥的地区，特点是无花无叶，只有光秃秃的枝干，姿态独特。枝干折断时会流出乳白色的汁液，因此也被称为牛奶树。有些人会对这种汁液过敏，因此注意不要沾到手上。丝苇的生命力顽强，是易于栽培养护的植物。

养护管理要点

一年四季都要注意保证日照充足，否则会引起枝干生长缓慢、颜色枯黄、枝干易折及枯萎，但夏季应避免阳光直射。此外，丝苇是耐干旱的植物，不要大量浇水。冬季，盆土表层干燥后再过4 ~ 5日浇水即可。枝干会朝向太阳生长，因此要时常调整花盆的角度。

芦荟

科·属 日光兰科，芦荟属
拉丁名 *Aloe*
原产地 南非、马达加斯加岛、阿拉伯半岛
最低温度 5 ~ 10℃

芦荟的品种多达500种以上，在其原生地有高度达20m的品种。芦荟的叶厚，呈条状披针形，绿色并带有刺状小齿。木立芦荟可药用，库拉索芦荟可食用。芦荟对环境的适应能力强且易于养护管理，花也很有魅力。

养护管理要点

需一年四季保证日照充足，这样植株能够生长良好，并且能增强它的耐寒性。无需经常浇水，在盆土表层干燥后再浇水即可，但如果其叶片变细则说明缺少水分。芦荟是多肉植物中吸收水分较多的一种。可通过分株的方法进行繁殖。

圣诞芦荟

◀**圣诞芦荟**

日照 ☀ ☀ ☀
耐阴性 有
高度 10 ~ 20cm

叶缘的红色突起非常漂亮，秋冬两季红色会变得更加浓郁。

▶**二岐芦荟**

日照 ☀ ☀
耐阴性 无
高度 50cm ~ 2m

原产于南非、纳米比亚，在其原生地有高度达10m以上的大型品种。生命力顽强且耐干旱。养护时控制水分可增强耐寒性。带有光泽的枝干与灰绿色的叶子极具魅力。

二岐芦荟

第3章 利用绿植装饰房间的方法

绿植能给房间增添生机与活力。选择何种绿植，怎样摆放才能让房间更具魅力，同时又能突出绿植的美感呢？下面我们就一起来探寻利用绿植装饰房间的秘诀吧。

第1节 绿植使居家环境大变身

首先我们以客厅、餐厅与书房为例来说明用绿植装饰室内的方法，并验证摆放绿植后房间的整体氛围有怎样的变化。

餐厅的墙壁为白色，家具上无花纹与图案，看上去简单大方。因此摆放姿态奇特的佛肚树（瓶树）来增强空间的视觉效果。同时以打造室内花园为目的，在房间里专门设置了绿色空间。并且选择既富有自然气息又与家具相协调且个性鲜明的植物。

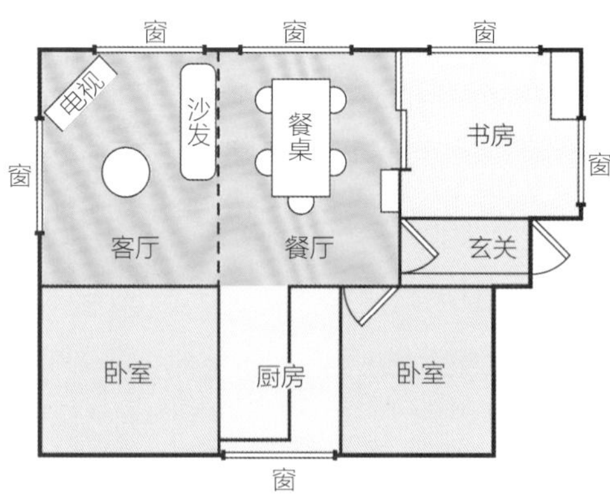

一、餐厅

餐厅的墙壁洁白干净，家具简洁大方。如后一页中的照片所示，在餐厅里装饰绿植后，房间中白色与绿色的比例得到了调整，餐厅成为更加舒适惬意的空间。

POINT 1 将高度不同、叶片形状各异的植物搭配在一起，看起来更加优雅别致

专门用于摆放绿植的空间，摆放着姿态独特的绿玉树、叶片形状美丽的小叶琴叶榕、叶子纤细柔弱的艳红合欢等。将这些叶片形状各异的植物组合在一起，能更加突显每种植物的特色。精心挑选富有自然气息的花盆，包括芒果树树干制成的花盆。

❶绿珊瑚（光棍树）
❷鹅掌藤
❸斑叶球兰
❹小叶琴叶榕
❺艳红合欢

地板上

❶佛肚树（瓶树） ❷大叶伞

墙边柜

深绿色的叶子使房间里的绿意更浓

以高度约为70cm的富贵椰子为中心，三种植物所处的位置恰好构成了一个三角形，看起来非常均衡。富贵椰子略带红色的枝干与合果芋的叶色非常相搭，也让房间的景致变得别具一格。再加上桌子旁边的蔓生植物自然下垂的姿态，令整个空间看起来更有动感和层次感。

❶红叶合果芋 ❷富贵椰子 ❸爱之蔓

餐桌上

餐桌上的小花盆也极具特色

位于房间中央的是采用樱花树材制作，纹理优美的餐桌。在餐桌中央摆放上小盆栽，让餐桌看上去清新靓丽，不再单调。花盆选择的关键是：花盆的材质要尽量与植物相匹配，三个花盆的大小要尽量一致。

❶纪之川（青锁龙属多肉） ❷玉露子 ❸细叶榕

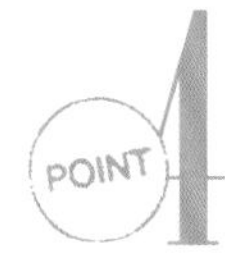

通过植物的巧妙搭配调整空间的平衡

在光线充足的客厅里摆放着黄果榕，这是房间里所有植物中最突出的，其他较有特色的是锈叶榕。另外，考虑到电视屏幕较大，所以选择叶片较大的植物来调节空间整体的平衡。

❶锈叶榕　❷香港鹅掌藤　❸牵牛星（青锁龙属多肉）　❹东非虎尾兰　❺密叶龙血树　❻黄果榕

二、客厅

三、客厅与餐厅的连接处

用干花营造出自然气氛

在客厅与餐厅的连接处摆放了一个与家具风格相近的木质梯子，并装点上一些干花。梯子下方摆放了空气凤梨与叶色美丽的多花斑被兰。经过这样的装饰后，使空间看起来清新自然又有格调。

❶松萝凤梨
❷哈里斯（空气凤梨）　❸多花斑被兰

四、书房

植物与架子上的小摆件协调搭配

主人亲手制作的架子和颇有时代感的儿童椅上摆放着多肉植物和空气凤梨等小型植物。为了避免单调又摆放了植株稍高的五彩千年木，并搭配花边大叶球兰，给小小的空间增添了动感。

❶彩虹龙血树 ❷哈里斯（空气凤梨） ❸景天
❹十二卷属多肉 ❺条纹十二卷
❻鹅掌柴 ❼团扇蔓绿绒 ❽花边大叶球兰

五、玄关

让光线不太充足的地方变得明亮

一般来说，玄关一般来说比较昏暗，如果在这里摆放一些有纪念意义的小饰品，再搭配绿植，就会让这个空间明亮起来。因为这里的通风不太好，所以需要时常将植物移至别处，让它们能时常呼吸到新鲜的空气。

❶眼树莲 ❷短叶绒针

窗台摆放一些小植物，成为与邻家之间的屏障

厨房窗户的对面是邻居家，在窗台上摆放一些小型植物或者悬挂植物，作为与邻家之间的屏障，还能使厨房显得明快且有生气。

❶松萝凤梨 ❷瓜栗（发财树）
❸团扇蔓绿绒 ❹莲花掌 ❺十二卷

六、厨房

要充分地利用家中的各个角落，比如房间中的一角或者楼梯中间的平台。不过，每个家庭房间的情况各不相同，比如屋顶的高度及墙壁的颜色等都会有所不同。所以怎样结合各自家中的房间格局，打造出个性鲜明的室内花园是我们需要考虑的问题。

首先最基本的原则是要选择与室内装饰，包括家具相搭配的绿植。经验丰富的人则会刻意选择一些奇特的植物，这对他们来说是一种乐趣。

一般来说，首先要决定每个房间的主角植物，然后在此基础上选择能突出主角植物的其他绿植，并将这些植物组合在一起。将几种不同的植物摆放在同一场所时，最好使用风格相近，具有统一感的花盆。因为这样看起来会比较协调，不会显得杂乱。

一、窗边的角落

窗边的角落光线充足，是非常利于植物生长的场所。不过每个房间的窗户大小不同，比如客厅可能是落地窗，而卧室则是普通的窗户，需要根据不同的情况选择合适的植物，以保证视觉的协调。

先决定主角植物，再挑选与之相配的植物与饰品

结合房间墙壁的颜色，将叶片较大且有存在感的面包树作为主角植物。在它的旁边摆放与之相协调的，叶片内侧为红紫色的孔雀竹芋。并将一些装饰品与栎叶粉藤（羽裂白粉藤）巧妙地搭配在一起，营造出工业风。这些装饰品增添了植物的动感，丰富了它们的表情。

❶锈叶榕　❷肖竹芋　❸面包树　❹栎叶粉藤（羽裂白粉藤）

植株和家具的高度差突显植物的特色

窗边的一角，窗台及桌椅上都摆放着植物，人们一进房间视线就会不由自主地落到这里。这里的光线极好，植物能有充足的光照。彩叶朱蕉的叶色与墙壁的色调非常和谐，花盆与墙壁、地板及复古家具的色调也十分协调，整体看上去很有格调。

❶姬龟背竹　❷彩叶朱蕉　❸裂叶福禄桐
❹合果芋　❺印度榕

二、狭小的房间

面积较小的房间如果植物摆放过多，会使空间更加狭小且混乱。所以植物的数量不宜过多，可以挑选姿态及颜色奇特的植物。这样既不会觉得房间狭小，又有一种清新有趣的感觉。

以简单的墙面为背景，突显植物奇特有趣的姿态

木立芦荟的枝干弯曲，简单的墙面能够突显它的优美姿态。绿叶的木立芦荟与叶子略带红色的‘皇后’喜林芋的组合看上去有一种时尚感。花盆的设计简单大方，与室内装饰的风格，以及植物的颜色都十分搭配。

❶木立芦荟　❷皇后（绿蔓绒）

选择带有弧度的花盆，两个花盆在色调上对比鲜明。

这些植物也非常合适

南美铁树

尖尾芋

将叶色不同的植物组合在一起

用叶色富有魅力的小盆栽衬托大盆栽的美感

大型盆栽是时下比较流行，且易于养护管理的鹅掌藤。但如果只摆放这一盆植物会略显单调，所以搭配了叶片略带红紫色的箭羽竹芋，两种植物的叶色相互映衬。将一大一小两个盆栽放在一起，房间的气氛变得雅致且有格调。简单随意的搭配就能营造出治愈系的空间。

❶鹅掌藤　❷箭羽竹芋

这些植物也非常合适

红脉豹纹竹芋

‘白桦麒麟’大戟

红叶合果芋

皱叶椒草

三、与庭院相连的房间

为避免与庭院连成一片，选择存在感强的植物突显室内绿植的特色

与庭院相连的房间里如果摆放叶片纤细柔弱的植物，就会融入庭院的景致中，失去了自身的特色。如左侧的照片所示，相较于庭院里栽种的棉毛梣，房里摆放的是叶片较大且让人深刻印象的印度酒椰子和叶形特色鲜明的小叶琴叶榕。这样房间与庭院里的植物相互映衬，能够体现出各自的存在感。

如果只有大型盆栽，很难给人精致感。所以搭配了叶形独特的露兜树和叶色美丽的广东万年青，并将它们栽种在镀锡铁皮的花盆中。经过这样的修饰，走进房间的人都会被这里的植物所吸引。

❶短穗鱼尾葵（孔雀椰） ❷露兜树 ❸银王亮丝草 ❹小叶琴叶榕

四、楼梯平台等处

应以纤细修长的株形为主

楼梯平台这样的地方通常没有足够的空间用于摆放家具，放上一盆株形纤细修长的植物，气氛就会完全不同。叶色美丽的植物能给略显单调的室内空间增添别样的色彩。

❶黄槿 ❷大叶虎尾兰 ❸紫背观音莲

适合狭小空间的，株形纤细修长的植物

彩叶朱蕉

袖珍椰

五、阁楼等层高较低的房间

阁楼的层高较低，如果摆放植株高大的植物，会产生压抑感。因此尽量以小型植物为主，也可设置一些悬挂绿植。

用矮小的植物营造出原始森林的气氛

在层高较低且屋顶略有倾斜的房间摆放灵动且有活力的小型盆栽。深色调的叶片、古朴色调的花盆与地板的颜色搭配得非常协调，营造出原始森林的感觉。

线叶球兰

串钱藤（纽扣藤）

用悬挂绿植打造郁郁葱葱的绿空间

在层高较低的房间，可以挑选一些枝蔓能够垂落到地板上的绿植，将其悬挂起来，使房间绿色盎然，如同热带植物园。这个平常不经常使用的房间，经过绿植装饰后竟然让人如此惊喜。

悬挂在右侧的植物是金叶喜林芋

❶ ‘Pluto’蔓绿绒
❷ 金钻蔓绿绒

一、决定一个主角植物，凸显特色

在进行室内绿化装饰时，如果掌握5个关键点，就能顺利地打造出理想的室内绿色空间。其中第一个关键点就是“决定主角植物”。

在房间里摆放植株较大的植物，会让房间的气氛变得优雅大方，这个植物就是所谓的主角植物，也是室内装饰的亮点。还可根据房间的大小、格局再挑选一个与代表植物相衬的植物，或者以代表植物为中心，挑选一些与之相配的小植物，再搭配一些装饰品及小摆件，营造出喜欢的室内风格。随着房间里植物的增加，养护绿植和用绿植装饰空间会越来越有趣，在享受这些乐趣的过程中你可以逐渐找到二者之间的平衡。

虽然植株较大的植物比较贵，但是因为已经生长得十分健壮，所以很容易培育，并且通常会给室内装饰风格添加新色彩。

让主角植物成为室内的焦点

将高大且枝叶茂密的大型盆栽放在房间的中央，使之成为房间的焦点，同时能给房间增添新意。挑选主角植物时需要考虑房间的大小和格局，仔细选择合适的株形，这样才能使空间看上去层次分明，更有格调。

将植株较高的艳红合欢放在置物台上，使其枝叶能够伸展到二层的楼梯处。

茁壮生长的多蕊木，其枝干略有弯曲的造型看起来趣味盎然。(川本家)

❶多蕊木 ❷艳红合欢

房间里摆放了两个具有代表性的大型盆栽，其中最重要的主角植物发财树同时起到区分空间的作用，另一个大型盆栽是叶色明亮的高山榕。(吉田家)

用主次两个主角植物来调节空间内植物的均衡

如上图所示，在电视机左右两侧分别摆放了主次两个主角植物，左侧是发财树，右侧是次之的高山榕。像这样将叶形与株形不同的植物摆放在一起，不会显得单调。将植物摆放在电视机的两侧，每当坐在沙发上看电视时心情也会变得舒畅。

❶高山榕　❷发财树

主角植物可起到划分空间的作用

如本页的照片所示，主次两个主角植物都起到了划分空间的作用。植物具有开放感，不会有屏风或门划分空间带来的闭塞感。在主角植物的附近可以摆放一些小盆栽，这样不会显得单调，而且可以非常自然地融合两个房间的景致。

❶金边百合竹　❷红茎榕　❸龟背竹　❹黄果榕　❺南美铁树

枝干略向一面伸展的黄果榕成为客厅与餐厅的分界点。

二、用悬挂绿植打造立体的空间

将植物悬挂在墙壁和屋顶上，既能全方位地利用空间，也可拓宽观赏室内绿植的方式。

悬挂绿植中具有代表性的是地锦属植物以及绿萝、球兰等蔓生植物。这些植物的枝蔓自然地垂坠而下，灵动有趣。但枝蔓过长时叶片容易掉落，或者出现有枝无叶的情况。这是由于植物具有优先向顶端输送养分的特性，也就是说枝蔓过长时中间部分的养分就会不足。这时就需要剪掉过长的枝蔓，进行细致的修剪。（请参照本书101页）

多肉植物中也有垂坠而下伸展的品种，如翡翠珠、紫玄月。丝苇、空气凤梨及鹿角蕨等植物在其原生地为附生于树木生长，也同样非常适合作为悬挂植物。

可以利用挂钩、铁丝等等多种形式将植物悬挂在墙壁上，还可以与各种装饰品搭配组合。手工绳编吊篮富有自然气息，受到人们的喜爱。大家可以结合不同植物的风格进行巧妙的搭配。

悬挂绿植成为空间的亮点

将植物富有艺术感地悬挂在墙壁或天花板上，成为房间中的亮点。这些悬挂绿植如同有生命的艺术品，它们随风摇动，就像一活动的雕塑。将它们与喜欢的室内装饰品搭配在一起，打造出属于自己的艺术空间。

◀ **使用天然素材营造艺术风格**

用鹿角、干花与漂流木等装饰而成的富有个性的屋顶一角。选用的植物是叶形美丽的鹿角蕨以及悬挂在其后方的叶片细长的线叶球兰。（下田家）

▲ **嫩绿的植物与墙壁的色调相互映衬，富有美感**

挂在墙上的是人们熟知的绿萝，嫩绿的颜色与墙壁的色调相互映衬，充满个性并富有美感。与墙上的画与画框的搭配也非常和谐。（吉田家）

悬挂绿植具有划分空间的效果

将绿植悬挂在空间交接处的屋顶上，可以自然地划分空间，不仅充满趣味，而且可以避免利用家具划分空间带来的闭塞感。

▲花环造型的悬挂绿植

悬挂的锦叶葡萄起到划分空间的作用，将其垂坠而下的枝蔓用吊篮挂在另一侧，形成花环的形状。锦叶葡萄的叶形独特、叶色美丽，枝蔓自然形成的曲线十分雅致，与之搭配的古典风格的吊篮容器非常引人注目。

▸ 悬挂绿植成为厨房与餐桌的分界点

厨房里比较潮湿，是适合悬挂绿植的环境。图中的植物自右向左分别是百万心、青柳、串钱藤（纽扣藤），使用了风格各异的吊篮，有铁制的，也有绳编的。

悬挂绿植作为屏障

与邻家距离较近时，在窗边悬挂一些绿植，视线就会被植物吸引而不再注意窗外的景致。为了遮挡视线，窗户安装的是磨砂玻璃并且还挂着纱帘，也可为植物遮挡强光，不必担心叶片被灼伤。在同一个空间里摆放多种植物，可以打造出小花园一般的效果。

通过植物的高低差
加强遮挡视线的效果

❶番杏柳、❷锯齿昙花（鱼骨令箭）、❸空气凤梨，这些植物被栽种在风格各异的吊篮里。

窗边的小型盆栽与悬挂绿植

厨房的窗边悬挂着松萝凤梨，窗台上摆放着一些小盆栽。在厨房做饭时，视线会被这些绿植所吸引，即使打开窗户，也不会关注邻家。

▶丝苇类植物

科·属　❶～❻仙人掌科，丝苇属
　　　　❼～❽仙人掌科，斑丝苇属

拉丁名　*Rhypsaris / Lepismium*

原产地　非洲的热带地区

日　照

耐阴性　有

最低温度　5℃

高　度　15cm～2m

丝苇类植物为附生型植物，在其原生地的森林中常附生树木生长，喜好明亮的背阴处。有些品种叶子扁平，有些品种叶子细长，春季开白色或黄色小花。

养护管理要点

夏季要避免阳光直射。等盆土表层干燥、叶子变细或出现褶皱时再浇水即可，浇水要充分。喜欢吸收空气中的水分，应常用喷雾的方式给叶片补充水分。如果日照不足、通风不好或空气过于干燥，则易发生介壳虫等虫害。将茎切下5～6cm，可用插枝的方式进行繁殖。

❶‘罗伯斯特’丝苇

其略微向上卷曲的叶子很有魅力，叶绿色，花蕾黄色，花瓣奶油色并带有透明感。

❷雪柳

茎细长，呈棒状。

❸赤苇

长有如白毛般的小刺。别称“朝之霜”。

❹‘kierbergii’丝苇

茎细小呈四方形，枝条垂坠而下的姿态极具个性。

❺梅枝令箭

非常稀有的丝苇属植物，叶肉质、形状扁平，通常被称为“梅枝”。叶缘呈锯齿状，开奶油色花，天气寒冷时叶色会变红。

❻帝都苇

叶并非细长形，而是有很多小分枝，形似小烟花。别称“帝都花”“须磨柳”。

❼风月（斑丝苇）

是原产于南美洲玻利维亚的仙人掌科植物，与丝苇属植物类似。肉质厚叶分叉，枝条垂坠而下，姿态奇特。

❽花柳（斑丝苇）

扁平且相连的叶子垂坠而下，开白花。别称“花柳”“雨月”。

图鉴

可悬挂起来观赏的植物

下面将介绍一些能使空间更富有立体感的植物。可以使用专门的植物挂绳或吊盆，也可以利用挂钩等将喜爱的绿植悬挂起来，享受其中的乐趣。

◀ **球兰**

科·属 萝藦科，球兰属

拉丁名 *Hoya*

原产地 日本南部（九州、冲绳），亚洲热带地区，澳大利亚，太平洋诸岛

日 照 ☀

耐阴性 无

最低温度 5℃

长 度 30～80m

蔓生植物，种类多达200余种，分布于亚洲热带地区至太平洋诸岛。其叶厚肉质，花具有质感，如蜡质工艺品一般。

养护管理要点

虽然在光线较差的环境中也能生长，但不易开花，所以最好将其摆放在光线较好的场所。不喜潮湿的土壤，所以可干燥一些。喜好吸收空气中的水分，夏季最好通过喷雾的方式给叶片浇水。日照不足或通风不好易得介壳虫虫害。注意不要剪掉曾经开过花的枝蔓，因为之后每年都会开花。

花边大叶球兰

肉质厚叶、叶片突出的野生品种。

球兰（樱花葛）

叶片肉质，有些品种的叶片上有斑点，花粉色，芳香。

❶ 厚冠球兰

圆叶，姿态可爱的稀少品种。

❷ 线叶球兰

叶子细长，枝蔓自然垂落，开白花。

❸ 长叶球兰

新芽的边缘呈胭脂红色，非常美丽。

❹ 澈球兰

圆叶，叶缘为紫色，开红色小花，非常可爱。

❺ 南方球兰（澳大利亚球兰）

叶片有光泽，呈卵形或椭圆形。如其名称，原生地是澳大利亚。

◀ 眼树莲

科·属 夹竹桃科，眼树莲属
拉丁名 *Dischidia*
原产地 东南亚 澳大利亚
日照 ☀
耐阴性 无
最低温度 5℃
长度 30~60cm

茎肉质，节上可生出气根。蔓生性附生植物，长攀附在岩石或树木上生长。肉质小叶对生，叶片茂密，极有人气。如果是其适应的环境，一年中可开花多次。

养护管理要点

春秋两季应放置于通风良好，日照充足或明亮之处。夏季阳光直射会造成叶片灼伤，尽量放置于明亮的背阴处。土壤过于潮湿会导致根部腐烂。如果叶片上出现褶皱，则是缺水枯萎的表现，需补充水分。所处环境可稍干燥些。喜欢吸收空气中的水分，可通过喷雾的方式给叶片补充水分。日照不足或通风不好易发生介壳虫等虫害。

▲ 斑叶串钱藤

俗称翠玉藤，带有斑点的品种比较柔弱敏感，需放在无直射光线且通风良好之处。

◀ 串钱藤（纽扣藤）

肉质厚叶，叶形为可爱的圆形，是极受欢迎的品种。

◀ 百万心

心形小叶对生，生长状态良好时，节上可生出气根，并开大量小花。枝条伸展过长时，根部略显稀疏，此时需进行修剪。

▶ 玉唇花

科·属 苦苣苔科，玉唇花属
拉丁名 *Codonanthe*
原产地 巴西
日照 ☀ ☀
耐阴性 略有
最低温度 5℃
长度 20~60cm

蔓生植物，叶对生、略厚，花白色、形似喇叭，果实橘色。姿态优美，观叶、观花、观果俱佳。在其原生地通过蚂蚁来实现授粉、繁衍。

养护管理要点

应放置于无直射光线的明亮场所。春秋两季在盆土表层干燥后浇水，而冬季则在盆土表层干燥后再过3~4日浇水。给叶片补充水分可预防叶螨虫害。植株衰老及根部堵塞时，根附近的叶片会掉落。此时需进行修剪，之后可以长出新茎。

▶ 栎叶粉藤（羽裂白粉藤）

科·属 葡萄科，白粉藤属
拉丁名 *Parthenocissus rhombiforia* ‘Ellen Danica’
原产地 西印度群岛、印度尼西亚
日照 ☀ ☀
耐阴性 略有
最低温度 10℃
长度 20cm ~ 1m

叶深绿色、有光泽。叶缘有粗齿。生命力顽强，易于养护管理。

养护管理要点

应放置于无直射光线的明亮场所。但若日照不足也会造成叶片孱弱，易发生叶螨虫害。春秋两季在盆土表层干燥后再充分浇水，同时应给叶片补充水分。冬季应减少浇水量。

▶ 金叶喜林芋

科·属 天南星科，喜林芋属
拉丁名 *Philodendron melanochrysum*
原产地 哥伦比亚
日照 ☀
耐阴性 有
最低温度 10℃
长度 30cm ~ 1m

心状长圆形叶，茎长30~50cm，特征是具有如同天鹅绒般的质感。叶鲜绿色、富有光泽，叶脉清晰、呈淡绿色。

养护管理要点

一年中都要放在无直射光线的明亮场所。土壤可稍微干燥，浇水不宜过多。喜好吸收空气中的水分，给叶片补充水分能够促使其生长良好，并且可预防叶螨、介壳虫等虫害。

三、利用植物将上下空间巧妙地联系起来

通过绿植将楼上与楼下的空间联系起来，每当观赏楼下的绿植时，视线也会向上方移动，让人感觉室内空间更加宽阔。

也可以用绿植装饰楼梯的台阶和扶手。通过巧妙地布置，房间上下景致融为一体，在楼下也能清楚地观赏到楼上的绿植。

让植物的枝叶自由向外伸展

在二层围栏的扶手处摆放多蕊木，它的枝叶向外伸展，与楼下客厅中的柳叶榕相呼应，使白色为基调的宽敞的房间看起来灵动活泼。在沙发上休息的时候，位于高处的绿植可以缓解眼睛的疲劳。（佐佐木家）

将楼上与楼下的景致融为一体

客厅里有楼梯，悬挂在二层的干燥菝葜自然地向下垂落，与摆放在楼梯上的球兰等植物，以及楼梯下方角落里的小摆件连成一体，形成别具一格的景致。（下田家）

四、光线较差的房间如何布置植物

如果是日间光照不足的房间，应尽量将喜光植物统一放在靠近窗边的位置。此外，阳光的照射方向会因季节的变换而改变，因此需根据季节变换来调整植物的摆放场所。

将植物摆放在置物台上提高高度，也能更容易地接收到光照。

房间内部等阳光很难照射到的地方，应摆喜好明亮背阴处的蕨类植物或具有耐阴性的植物。并需经常观察其叶片是否有掉落或颜色发黄的状况，根据具体的状况或调整其摆放场所，或采取其他对策。

窗边

下图是某公寓的一层，窗外的绿篱会遮挡一部分阳光，因此这个房间的光照不太充足。为了确保植物能够接受充足的光照，在窗边摆放了一个置物台，将植物全都放在上面，看上去如同一个小花园。

❶鹅掌柴 ❷花烛 ❸玉蕊 ❹窗孔椰子 ❺鱼尾椰子（燕尾葵） ❻琴叶榕 ❼彩虹龙血树

日照不足的场所

房间内沙发的附近，阳光很难照射到。沙发旁边的咖啡桌上摆放着在明亮的背阴处也能生长的蕨类植物观音座莲，铁制鸟笼中的是具有耐阴性的丝苇。

卧室前摆放着两个大型盆栽，较大的是鹅掌藤，旁边的是孔雀木。

五、多肉植物成为室内绿化装饰的点睛之笔

将小型仙人掌、多肉植物及空气凤梨摆放在柜子上或餐桌中央，再搭配上一些日用品或小工艺品，看起来风格独特且十分雅致。因为这些植物的形状及叶片的质感奇特，所以可尝试搭配各种风格的容器，并非一定的要用植物专用的花盆，也可使用餐具及日用杂货，在搭配上可巧妙地构思。

最近极受欢迎的多肉植物是叶肉厚，且叶子顶部“开窗”，整个叶子都显透明状的十二卷属植物。需注意的是，它们不喜阳光直射，也不耐寒，应尽量放在室内养护管理。但其养护管理并不复杂，给予适度的光照及水分，再注意保持通风良好即可。

大戟属植物也可在室内栽培及养护，但需时常让其接触大自然的气息，夏季最好放置于室外，这样它们会生长得更好。

空气凤梨不需要土壤也能生长，浇水的方法也较为特殊。多肉植物及空气凤梨的养护管理方法请参照本书95页的介绍。

珠宝盒子里栽种了各种仙人掌与十二卷属植物，如同一件件珠宝。特别是叶子具有透明感的十二卷属植物，宛如宝石一般。

贝壳制成的东南亚容器里栽种的是哈里斯（空气凤梨）。

摆放在桌子中央的植物，自右侧向左分别是：纪之川（青锁龙属多肉）、姬玉露、细叶榕。

桌子的绿化装饰

在餐厅里的餐桌及客厅的长桌中央摆放多肉植物等小型盆栽，不但能调节心情，而且美丽又有格调。可将三盆大小几乎一致的植物排成一排摆放在桌子中央，既均衡又富有美感，并且可将一些餐具作为盆套使用。

窗边的绿化装饰

窗台及窗边附近的小空间，日照充足，是最适合摆放植物的场所。如照片中所示，将小植物排成一排，非常漂亮。另外，植物具有朝向阳光生长的性质，应时常调整植物的方向。

自右开始分别是火星人（根块植物）、虎刺梅、苏铁大戟、膨珊瑚（缀化）、绿叶球兰锦。

摆放在这里的植物自右向左分别是石莲花、景天、老乐柱、千里光。最左边的是紫玉露。

团扇类仙人掌看上去如同一个正在跳舞的人，旁边搭配可爱的小装饰品。正前方的植物是常春藤，左侧是黄叶地不容。

柜子上的绿化装饰

我们通常会用一些小摆件或照片来装点柜子，可尝试加入一些颜色及形状奇特的空气凤梨、多肉植物、仙人掌等植物。将这些植物与柜子上的小摆件巧妙地搭配在一起，别致有趣。

玻璃柜上层摆放颜色、形状各异的空气凤梨。下层摆放的是干花。

装饰品、干花与空气凤梨的组合。略带蓝色的色调也魅力十足。

图鉴

适宜在室内栽培养护的多肉植物

下面将介绍一些适合在室内栽培养护的小型多肉植物。
注意不要过多浇水，尽量保持室内的通风良好。

十二卷

科·属 芦荟科 十二卷属
拉丁名 *Haworthia*
原产地 南非，纳米比亚南部
日照 ☀☀
耐阴性 有
最低温度 0℃
高度 5~15cm

为小型多肉植物，分为软叶系与硬叶系两类。软叶系叶片呈半透明状，硬叶系叶质较硬，叶片呈剑形等形状。

养护管理要点

一年中都应将其放置于明亮的室内养护。不喜阳光直射，最好是有窗帘等物遮挡的散射光线。浇水一周一次左右即可。夏季高温期会进入休眠状态，需减少浇水量。生长快，缺少水分时叶子会变细。

◀玉露

与姬玉露相比，玉露叶片略微细长。叶色碧绿，顶端呈透明或半透明状。

▶条纹十二卷

十二卷属硬叶系品种，叶片向内侧弯曲聚齐，整体形状有如鹰爪一般。

◀姬玉露（左）

十二卷属植物软叶系的代表品种。植株呈群生状，叶片上部细胞内用于光合作用的液泡发达，使叶子呈透明或半透明状，就像透明的窗户，所以也被叫作有窗植物。

◀寿宝殿（右）

寿宝殿是原产于南非开普敦地区的软叶系十二卷属植物。叶短而肥厚，呈莲座状排列，顶端细胞内的液泡发达。

◀亚龙木

科·属 龙树科，亚龙木属
拉丁名 *Alluaudia procera*
原产地 马达加斯加
日照 ☀☀
耐阴性 有
最低温度 5℃
高度 10cm～1m

亚龙木形态奇特，灰白色的茎干有如动物的脊骨一般，上面遍布棘刺。绿色小叶，植株在其原生地可高达15m以上。当植株长到一定高度时可截掉一部分，促使其分枝，使株形更加美观。

养护管理要点

虽具有耐阴性，但如果日照不足，植株会变得纤细孱弱。日照充足，植株会更加健壮。秋季以后，应适当减少浇水频率及水量。天气寒冷时，叶片会掉落，此时可不必浇水。天气转暖长出新芽后，不要突然大量浇水，需逐步增加浇水的次数和水量。

大戟属

科·属 大戟科，大戟属

拉丁名 *Euphorbia*

原产地 非洲大陆、中东地区、马达加斯加

日照 ☀

耐阴性 略有

最低温度 5℃

分布在世界各地的大戟属植物约有两千种，其中约有500～1000种为多肉植物。大多数品种易于栽培养护，形状奇特，极具魅力。下面主要介绍一些小型品种。

养护管理要点

虽具有耐阴性，但应尽量将其放置于光照充足且略为干燥的环境。具有贮水功能，可在盆土干燥后再过几日浇水。秋季后需逐渐减少浇水次数，冬季则无须浇水。

▲**稚儿麒麟**

随着植株的生长会形成块根。光照过强会灼伤块根，应避免强光照射。

▲**孔雀丸**

圆球状茎，枝呈水平放射状生于茎的中上部。植株老化后将成为块根状，顶部凸凹不平，姿态奇特。

▲**‘grandialata’大戟**

原产南非北部，基部分枝，在其原生地可高达3m左右。

▲**红彩阁**

形似柱形，带有红色棘刺，阳光充足的环境下棘刺的颜色愈加艳丽。

▲**朝驹**

形状与柱形仙人掌相似，有很多分枝，茎干上有奇特的花纹。

▲**群星冠**

通称群星冠。春夏两季开花，花枯萎后花柄成为星状棘刺。

▲**苏铁大戟**

形似凤梨的小型多肉植物，深受人们喜爱。天气寒冷时叶片会掉落。

▲**白桦麒麟**

为玉鳞凤的斑锦品种，表面白色，冬季会变为淡粉色。

仙人掌

养护管理要点

一年中都应放在日照充足且通风良好之处。处于休眠时也尽量让其接收到阳光照射，通过日间光照可提高花盆内及仙人掌本身的温度，增强其耐寒性。浇水不宜过多，夏季可等盆土干燥后再充分浇水，秋季天气转凉后可逐渐减少浇水次数和水量，冬季则无须浇水。

图鉴 适宜在室内栽培养护的仙人掌

目前所知的仙人掌品种约有2000种，主要分布在以墨西哥为中心的南美及北美地区。下面将介绍一些园艺初学者也能轻松养护管理的小型仙人掌。

◀长刺星球

科·属 仙人掌科，星球属

拉丁名 *Astrophytum*

原产于墨西哥。全株被有白色星状小点，棱上有刺。植株老化后根部成为块根状，植株顶部有很多突起的小刺。花与果实都值得观赏。应避开直射光线，放在明亮的场所养护。

◀团扇类仙人掌

科·属 仙人掌科，仙人掌属

拉丁名 *Opuntia*

上部分枝宽，呈倒卵状椭圆形，也被称为团扇仙人掌。耐寒，生命力顽强，多分枝。耐潮湿，但最好放在日照充足且通风良好处管理。

◀老乐柱

科·属 仙人掌科，多棱球属

拉丁名 *Espostoa lanata*

株茎密被白色丝状毛的柱形仙人掌。大概是因为在原生地一直避开强光照射，故而会长出白毛。应放在明亮的背阴处养护管理。

◀白星

科·属 仙人掌科，乳突球属

拉丁名 *Mammillaria plumosa*

茎小球形，密被白色羽毛状刺，开白色花。生命力顽强，夏季应避免阳光直射，不宜放在潮湿的环境中，需保证所处环境的通风良好。

◀福禄寿

科·属 仙人掌科，鸡冠柱属

拉丁名 *Lophocereus schottii* ‘inermis’

表面无刺，有棱状突起，形态奇特的柱形仙人掌。生长缓慢，应放在阳光充足处养护管理。

图鉴

适宜在室内栽培养护的空气凤梨

空气凤梨通常附生于岩石或树木上，依靠叶片吸收雨水或露水中的水分生存。下面将介绍一些较为常见的品种。

▲空气凤梨

科·属 凤梨科，铁兰属

拉丁名 Tillandsia

原产地 中南美洲、美国南部

空气凤梨的生存环境多样，森林、山地、沙漠等地都有它的身影。因生长环境不同，每个品种的耐干旱性也不尽相同。一般来说，叶片细且薄的品种喜潮湿、需要大量水分，而叶厚的品种则更耐干旱。此外，银叶种喜光耐干旱，而绿叶种需要大量水分且不喜强光。

养护管理要点

应放在通风良好，明亮的背阴处养护管理。浇水方法请参照本书101页中的介绍。

❶ 阿比达（albida）

Albida意思是“白色”。呈银白色，是喜光、耐干旱的品种。每年其茎部都会生长10cm左右，在其原生地墨西哥，附生在岩石上生长。

❷ 宝石（andreana）

被称为“宝石”的稀有品种。叶形细长，酷似松树的针叶。开深红色花，花瓣艳丽。喜好潮湿的环境。

❸ 犀牛角（seleriana）

形状如同鬼火般不可思议。可生长到40cm左右。不喜光线直射，应放在明亮的背阴处养护管理。喜潮湿，不耐高温，夏季需注意避免置于高温的环境中。

❹ 狐狸尾巴（funckiana）

细叶由茎部向外伸展。开红花，开花时叶片尖端亦变为红色。不耐寒，温度不宜低于10℃，控制浇水量可增强其耐寒性。

❺ 哈里斯（harrisii）

银叶种的代表品种，强健易养护，适合空气凤梨入门者。在日照条件适宜，通风良好的环境中可快速生长，长到20cm左右时可开花。不宜过多浇水，可略微干燥些。

❻ 白毛毛（fuchsii）

针形叶，干燥时叶片尖端会枯萎，在使用空调时注意环境的湿度，不宜过于干燥。此外，需充分浇水。

❼ 小精灵 × 多国花（ionantha var. stricta）

叶片尖端为红色。开紫色花，开花时整株都变为红色。应将其放在明亮处养护管理。不宜过多浇水。习性强健，但不耐高温，夏季需避免置于高温的环境中。

❽ 松萝凤梨（usuneoides L.）

植株下垂生长，密被细毛。储水能力较弱，生长期需每日浇水，冬季每3日用喷水的方式浇水1次。

将几种绿植混栽于一个大花盆里，可以营造出小庭院一般的景致。进行绿植混栽时最好选择对日照条件、浇水频率等生存条件需求相似的植物，这样更易于养护管理。此外，浇水的次数需根据摆放的场所有所调整。植物混栽的美感是别具一格的。

如果是将几盆不同的植物放进一个大容器中，那么每种植物的浇水量则易于调整，而且也可时常更换一些其他种类的植物。

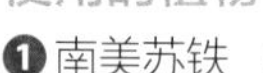

使用的植物

❶南美苏铁 ❷雪纹虎尾兰
❸红雀珊瑚（大银龙）
❹‘翡翠羽根’龟背竹
❺‘罗布斯塔’虎尾兰
❻sharkskin龙舌兰

一、小庭院风格的绿植混栽

用漂流木与植物打造的原始风景

将龙舌兰、虎尾兰等叶形尖锐的植物与枝干略有弯曲的红雀珊瑚（大银龙）、龟背竹混栽在一起，并搭配上漂流木，打造出一个自然风格的小花园。

▸混栽方法请参照本书88页中的介绍。

二、易于养护管理的组合盆栽

将叶色与叶形各异的植物组合在一起，呈现出与众不同的风格

叶片纤细的蓬莱松、带迷人褶皱的金黄多足蕨、深紫红色的合果芋、略带红色的凤梨等叶色及叶形各异的植物组合在一起形成组合盆栽。尽量在不同植物的小盆栽之间保留适度的间隔，以免过于潮湿。并尽量将高低不同的植物搭配在一起，这样更有利于植物的健康生长。

使用的植物

❶贯众蕨 ❷凤梨 ❸红叶合果芋
❹蓬莱松 ❺长叶肾蕨

本书86页绿植的混栽方法

将叶形奇特且喜欢充足日照的植物混栽在一起，并搭配上漂流木。南美苏铁喜好潮湿，可多浇一些水。而多肉植物则等叶片出现褶皱时再浇水即可。

使用的容器及漂流木

为了突显植物的美感，选用外观简洁的大花盆。漂流木可在花鸟鱼虫市场购买。如果使用在海岸或河边拾到的漂流木，需要先通过水煮等方式蒸发掉其上的盐分。

所需材料和工具

❶盆底石
❷培养土
❸赤玉土（小粒）
❹筒铲
❺剪刀
❻花盆底网
❼木棍

混栽的植物

❶南美苏铁
❷雪纹虎尾兰
❸红雀珊瑚（大银龙）
❹‘翡翠羽根’龟背竹
❺‘罗布斯塔’虎尾兰
❻sharkskin龙舌兰

制作步骤

1 先在花盆排水孔处铺上盆底网，之后放入厚度约为3cm的盆底石。将培养土与赤玉土按照1:1的比例混合后放入花盆，然后将植株最高的植物先植入盆中。

2 将雪纹虎尾兰从原来的花盆里拔出，轻轻抖落掉根茎部多余的土壤，然后栽种在花盆的中央。

3 将南美苏铁栽种在花盆的一端，因其植株高度较矮，需要再添加一些花土，以免被埋入土中。之后，依次植入其他几种植物，并调整好各种植物之间的间隔及植株高度。必要时，可再填入一些花土。

4 将雪纹虎尾兰栽种在‘翡翠羽根’龟背竹与sharkskin龙舌兰之间。因红雀珊瑚（大银龙）较大，将其从原来的花盆里拔出后分成2株，分别栽种在花盆的左右两端。

5 植入所有的植物后，调整它们之间的距离间隔与植株高度，然后搭配上漂流木。

6 将漂流木与植物搭配好后，再填入一些花土并在土壤表层与花盆上缘之间留出约1.5cm的储水空间。沿花盆外缘用木棍压实土壤，去除土壤中较大的空隙。

第4章

室内植物养护的常识和技巧

室内植物的栽培与养护并不复杂。首先需要了解的是浇水、放置场所及移栽的基本知识。随着和这些植物相处时间的增加，就能够慢慢地感受到它们的需求。

绿植混栽的后方从右至左以此为：贝哈伽蓝（仙女之舞）、鹅掌柴、波斯顿蕨、龟背竹、心叶蔓绿绒，绿植混栽左侧是阿比达（空气凤梨）。

一、浇水

当土壤表层有些干燥时就应该给植物浇水了

浇水是保证盆栽植物顺利生长的关键之一。最有利于植物根部生长的土壤状态是介于半干燥与干燥之间。当土壤开始干燥时给植物浇水，植物的根就会迅速吸收土壤中的水分并开始伸展。在根部伸展的同时，也可冒出新芽。因此，在确认盆土表层干燥后，就可以给植物浇水了。

此外，还需要参考植物的原生环境。比如原生于热带雨林气候的植物偏好高温多湿的环境。因此在空气干燥的季节或因使用空调而引起室内空气干燥时，推荐使用加湿器，并用喷雾的方式给植物叶子补充水分，这样植物就能更健康地成长。

如果植物生长在气候干燥或雨季与干季分明的地区，其枝干或根部一般就会具有贮水功能，这类植物较喜好干燥。另外，在水泽附近生长的蕨类植物以及附生于树木的植物等，则喜欢排水及通风良好的环境，它们能够从空气中吸收水分。

需要浇三次水直到“水从花盆的排水孔渗出”

给植物浇水时最基本的原则是，在盆土表层干燥后再充分浇水。土壤开始干燥的时间会因季节及植物的摆放位置有所差异，可以用手触摸盆土表层进行确认。

那么怎样才算是“充分浇水”呢？首先要浇足量的水，确保整个土壤空间里都有水，直到水从花盆底的排水孔渗出，并且这样的过程需要重复三次。简单地说就是浇水量一定要与植物的容积相同。如果只从花盆的一侧浇水，或者水没有从花盆底部的排水孔渗出，就没有做到给植株整个根部补充水分，会导致植物缺水。此外，还需注意花盆托盘里不要存水，保持良好的通风等。特别要注意的是，夏季如果植物摆放在密闭的室内，由于空气流动性差，此时如果给植物浇水过多极易造成植物枯萎。

观叶植物多生长在气候温暖的地区，因此冬季不宜浇水过多，以免造成植物病弱。冬季植物吸收水分的速度减缓，因此最好是在确认盆土表层干燥后再浇水。

此外，一些植物在缺少水分时会发出信号。比如，多肉植物缺水，叶片会出现褶皱；榕属植物或叶片较大的植物缺水，叶子会卷曲或下垂。所以可通过观察植物的状态来找到浇水的最佳时机。

浇水的基本方法

体积较小、可以搬起来的花盆

先摘掉盆套。将花盆放在底托上浇足量的水，直到水从花盆底的排水孔渗出，重复三次。待水浸透整个土壤后，搬回到盆套内。

体积较大的花盆

过重且不易移动的花盆，在浇水后，可将花盆托盘中的积水用毛巾擦拭干净。

给体积较大的花盆搭配附带滑轮的底托

较重的花盆如果需要时常移动到阳台等处，方便浇水后让水直接渗出，可以配备一个附带滑轮的底托。在不方便直接让水渗出的场所也可使用附带滑轮的花盆托盘。

二、日照

可通过能否长出新芽来判断植物是否适应环境。

确保植物能够健康地生长，日照是不可或缺的重要条件。一般情况下，室内植物较能适应的是可以避免夏季强烈阳光直射的明亮场所。但由于每种植物的原生环境不同，所以对室内环境的要求也略有不同。

比如，原生地是原始森林的树木，生长在荒野或沙漠地带、充分沐浴阳光生长的植物，这些植物非常喜欢阳光的照射。而在散射光线下生长的植物，则不喜强光。参考植物原生环境决定植物的摆放位置，能减轻植物的负担，使植物更快地适应环境。当然，一些植物适应环境的能力较强，即使现在的环境与其原生环境完全不同也能够慢慢适应并生长良好。

植物是否适应目前的环境可通过能否长出新芽来判断。如果植物迟迟不能长出新芽，则需要调整其摆放场所，否则早晚会出现严重的问题。

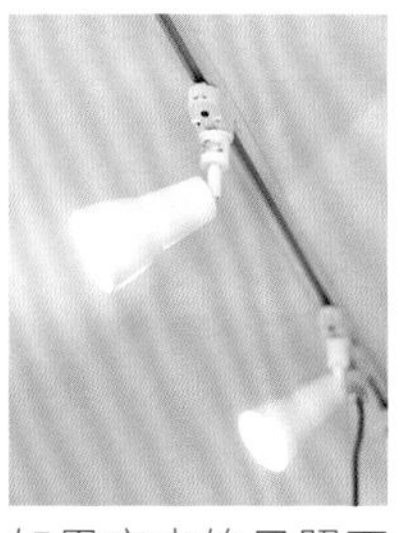

如果室内的日照不够充足，即便外出不在家中时也可以打开LED灯弥补光照。但夜间需关掉。

要逐步地调整植物的位置

植物很难适应环境突然的大幅度变化。如果突然地将植物从日照线充足之处移动到背阴处，或反之，都会给植物造成伤害。如果将植物移动到日照条件不同的地方，需要逐步地调整位置，并观察两周时间。如果是从日照线充足处移动到背阴处，则要观察植物是否能够长出新芽。反之，则需注意习惯背阴处的植物，其叶片有没有被阳光灼伤。像这样，尽量一边仔细观察一边一点点地调整植物的位置。

在改变植物的摆放位置后，同时需要调整浇水的水量及频率。在仔细观察盆土的前提下，如果植物被移动到背阴处，则无须过早浇水，可等盆土干燥后再浇水。如果是移动到日照充足处则要及时给植物补充水分。

室内绿植的枝条会朝向窗边阳光充足的方向伸展，这样就会影响植株整体的形状。因此需要定期转动花盆，使植株能够均匀生长，株形整齐美观。

可使用空气循环器或风扇来促进室内空气的流动。

三、肥料

采用适合植物生长状态的施肥方法

市面上销售的室内绿植适应环境的能力一般都较强，容易养护管理。并且因为室内绿植几乎都是观叶植物，栽培养护这些植物的目的并不是观赏花朵或果实，所以不一定要施肥。如果要施肥，最好在栽种后不久或者刚刚修剪后进行，时间最好选在4~9月期间的植物生长期。

肥料可分为“液体肥料”和施以土表的固体“堆肥”。液体肥料具有速效性特征，在植物的生长期，可用水稀释后一个月施肥一次。而堆肥具有迟效性特征，在植物刚刚进入生长期的春季施一次即可。此外，还有一种被称为“基肥”的肥料，可在栽种植物时，将肥料混入土壤中。

施肥需要根据植物的习性进行。一些植物喜好贫瘠的土壤，反而不施肥会比较好。此外，给病弱的植物施肥，有时会适得其反。当植物生长得不太良好时，可以尝试使用植物活力剂。

常见的肥料

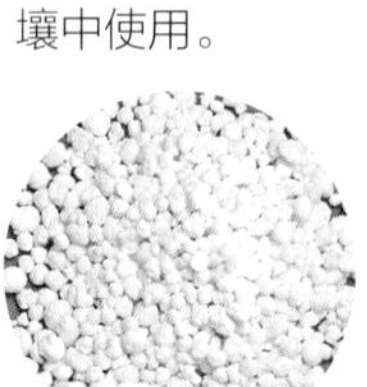

基肥

具有迟效性特征的基肥，可在栽种植物时混在土壤中使用。

堆肥

右侧的是发酵的油渣，左侧上下都是化学性堆肥。可根据需要作为追肥使用。

液体肥料

作为追肥使用，可在浇水时，混入水中使用。

活力剂

在栽种后不久，或者进行移栽后，或者植物生长得不太良好时使用，能够让植物变得更有活力。

四、虫害

发生虫害是植物生存环境及健康状态恶化的讯号

如果植物的生存环境或健康状态恶化，就容易发生叶螨、介壳虫等虫害。其原因主要有以下4点：

①日照不足；

②空气干燥，特别是喜好潮湿空气的植物，比如使用空调而造成室内空气过于干燥；

③叶片上面灰尘过多，堵塞植物气孔，造成植物无法呼吸；

④缺少水分。

用喷雾的方式给叶片补充水分可以起到预防虫害的效果。特别是使用空调的房间，植物的枝叶易干燥，需要细致地给叶子补充水分。

青柳、眼树莲、球兰等多肉植物也会发生介壳虫等虫害。这类植物，土壤可以干燥一些，但它们需要吸收空气中的水分，如果叶子过于干燥则会阻碍其顺利生长。

冬季需在较为温暖的上午给叶子喷水。此外植物脱水后立刻给植物大量浇水，花盆托盘里存水等都是引起虫害发生的原因，一定要注意。

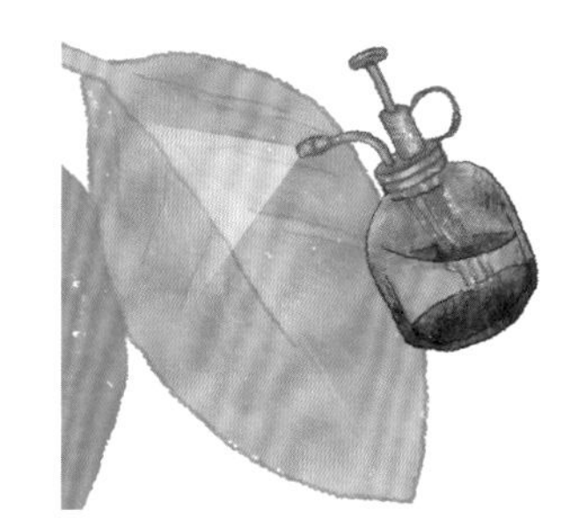

给叶子浇水的方法

叶螨多生在叶片背面，给叶片浇水时，叶子表面和背面都要喷水。

夏季尽量将植物摆放在阳台或室外

日照不足、通风不好会使得植物过于潮湿而引起病虫害的发生。这时，需考虑给植物换一个新的环境。此外，如果叶片上有灰尘，则需要用湿布轻轻擦拭。

发生虫害时，植物的叶色会发生变化，需及时使用药剂进行驱除。并且要仔细找到植株病弱的原因，对症解决。在4～9月的植物生长期，因尽量将植物移到阳台或室外，让它们呼吸新鲜的空气、接受雨水的滋润，这样也可以起到预防虫害的效果。

夏季高温多湿，是观叶植物喜好的气候环境。对于发生虫害的植物，在驱除害虫后，可在4～9月的温暖时期，将其放置于室外养护，能促进植物尽快地恢复健康。

叶螨

寄生在植物的叶片、新芽和根部，吸取植物的营养。会造成叶色枯黄、植株病弱，严重时会导致植物死亡。

对策

如果数量较少，可用面巾纸擦掉，数量较多或反复发生的情况下则需喷洒驱虫剂。

介壳虫

介壳虫的成虫体表有一层硬壳，有些移动觅食，有些则寄生在植物上靠吸取植物的汁液生存。介壳虫是造成植物病弱的原因之一，受害严重的植株会极其衰弱，最后枯死。此外，介壳虫排出的蜜露会导致烟煤病的发生，使植物的叶片无法进行光合作用。

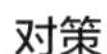

对策

先用牙刷将害虫刷掉，再喷杀虫剂，这样的步骤需要重复几次。在使用牙刷驱虫时，注意不要伤到植物。

带有硬壳，寄生于植物上的介壳虫。

移动觅食的成虫。体表覆有如同棉花般的物质。

常见的药剂

喷剂

对于叶螨、蚜虫等一些常见害虫以及霉变等一般的病虫害十分有效，且使用简单方便。

渗透型颗粒

洒在植物根部周围的土壤中，会同水分一起被植物吸收，能够增强植物抵抗病虫害的能力。

针对某些特定害虫的药剂

对于一般药剂很难驱除的介壳虫及艳金龟的幼虫，需要使用针对这类害虫的专用药剂。

五、移栽

可两到三年进行一次移栽，尽量在4～7月期间进行

移栽的目的是保护植物的根，预防根部腐烂。根部出现堵塞会造成植物呼吸障碍、氧气不足以及排水障碍，而这些状况都是引起根部腐烂的原因。如果植物出现以下状况就需要进行移栽了：

①植物的根从花盆底部排水孔伸出；

②浇水后出现排水障碍；

③新芽较大，叶色异常。

但并不是每年都需要进行移栽，一般2～3年一次即可，最好在植物处于生长期的4月到盛夏前的7月这一段时期进行。

移栽时所用土壤可以使用观叶植物常用的培养土，不过最好以市面上销售的花草用培养土为主，再混合排水性及透气性良好的赤玉土。培养土与赤玉土（小粒）可按照1∶1的比例混合。赤玉土会加快土壤干燥的速度，因此，如果植物所处的场所日照不太充足，可多混入一些赤玉土，喜好潮湿环境的植物，则多些培养土。

切除部分根部的同时也需要修剪叶片

移栽时将植物从花盆里拔出后，根部需要切除一部分，只保留一部分即可。需要注意的是，一些根部比较粗壮的植物，如果将其根部的主要部分切除，则会破坏整株植物的生态平衡，导致植株孱弱。

将植物从花盆里拔出后，首先切掉根部已经枯萎的部分，再将相互缠在一起的细根分开并整理好，切掉又长又细的细根。每种植物需要切除的分量有所不同，大体上需要切除根部的三分之一左右。

移栽结束后，不要忘记修剪叶片。保证植物在土壤中的部分与土壤以上部分的均衡，这样植物才能健康地生长。

移栽前

大约2年前栽种的绿萝，根部已经从盆底的排水孔伸出。

移栽方法

1 根部缠绕在一起无法从塑料花盆里拔出，因此先用剪刀将花盆剪开。

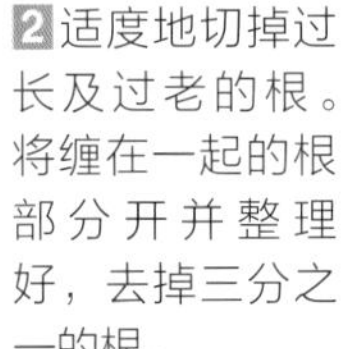

2 适度地切掉过长及过老的根。将缠在一起的根部分开并整理好，去掉三分之一的根。

3 在新花盆的盆底先铺好花盆底网，之后放入盆底石，最后放入混合了基肥的花土。

4 放入绿萝，加入土壤后，用木棍压实土壤。为便于以后的浇水，在土壤表层与花盆上缘之间留1.5cm左右的空间。

5 充分浇水，直至水从盆底溢出，待不再有水渗出时，再次浇水。这样重复三次，待多余的水排出后，套上盆套。修剪过长的茎，确保根茎的平衡。

移植完成

六、空气凤梨的养护管理

保证通风良好，并频繁浇水

空气凤梨是凤梨科铁兰属植物的通称。是附生于树木或岩石上的植物，不需要泥土，由叶片吸收雨水或空气中的水分。其原生环境多样，山区或热带雨林都有它的身影，生长环境的共通之处是阳光柔和且时常降雨、刮风。

空气凤梨无需花费大量时间养护管理。空气凤梨是需要大量水分的植物，但不同品种需要的水分及浇水频率略有不同。如果采用喷雾的方式浇水，夏季每周1~2次，冬季如果室内使用空调，则应每日1次，或隔日1次。

在通风良好，夜晚有雾气的环境中，空气凤梨会生长良好，因此最好在傍晚或夜间浇水，浇水后注意叶片之间不要有积水。最理想的是经常能在室外接受雨水的滋润，之后将叶片上的水沥干后，再移到室内。在炎热的夏季，水分容易挥发，不要一直放置于密不透风的室内，最好放在通风良好处。

如果叶片颜色暗淡，或叶片前端卷曲，就说明应补充水分了。此时，应该用“泡水”的方式补充充足的水分。“泡水”可每隔10日进行一次，将空气凤梨放入装满水的容器中，过2~6小时后再捞出。冬季与盛夏期间需缩短“泡水”的时间。泡水之后，需将水沥干。使用电风扇可以尽快地将水沥干。

注意不要将空气凤梨放在空间极其狭小的容器中，这样易导致其枯萎。此外要保持通风良好，同时避免阳光直射。

泡水的方法

将空气凤梨整个放入装满水的容器中，浸泡2~6小时后捞出，将水沥干。

最好让空气凤梨接受自然风雨的滋润。不要一直放在不透风的室内，春秋两季尽量放在室外管理。

七、多肉植物的养护管理

多肉植物中，有些品种适合放于室内，而有些品种则适合放在室外

通常人们认为多肉植物全都适合在室内养护，实际上有些品种能够适应室内的环境，有些则不适合放在室内。比如景天科的景天属与石莲花属有很高的人气，但却不宜在室内栽培养护，否则会导致植株衰退，颜色暗淡。

本书介绍的多肉植物都是适合在室内栽培与养护的，比如大戟属、十二卷属、虎尾兰、芦荟及仙人掌等。

这些多肉大多需要日照充足且通风良好的环境。日照不足会造成新芽的徒长以及植株的衰退，且易发生介壳虫等虫害。大戟属与仙人掌等喜光多肉，一年中都可将其放在日照充足处。但青柳与眼树莲等则不喜直射光，夏季应避免阳光直射。

如果出现叶色异变及叶片掉落等现象，则说明植物对环境不太适应，或者是发生了虫害。可将其搬到别处，除冬季以外尽量放在室外。

多肉植物通常会将水分储存在茎部和叶片，因此可适当减少浇水的次数。浇水可在叶片出现褶皱或盆土充分干燥后进行，此时可充分浇水。

多肉植物非常适合用来装饰室内，备受人们喜爱。选择一些易于养护管理的品种，并提供适宜生长的环境，再掌握一些基本常识，多肉植物的栽培养护就不是难事了。此外，多肉植物可通过插叶或插枝的方式进行繁殖。总之，多肉植物会给您的生活带来很多乐趣。

确保充足的日照与良好的通风

最好将多肉植物放在窗边等日照充足且通风良好的地方。少数的品种需避免阳光直射，应遮挡强烈的光线。

除冬季以外，应尽量将多肉植物放在室外养护，这样它们会生长得更好。

八、修剪

修剪是植物养护管理的重要一环，下面讲解修剪植物的方法

栽种在小花盆里的室内绿植在其原生地通常都是植株较大型的植物。它们被栽种在花盆中后会努力地适应新环境，不断调整自身的生长方式长出新芽，去掉老叶。

如果植物已经适应了新环境，即使它们在花盆中生长，也能够长出新芽并茁壮生长。但随着枝干的逐渐伸展，株形会变得不太整齐。这时，为了使植物能够生长良好且株形优美，就需要进行修剪，剪掉一些阻碍植物良好生长的枝和芽。特别是大型盆栽及蔓生植物，修剪是必不可少的。另外，修剪时需要注意以下三点：

①减少芽的数量；

②确保室内通风良好，保证植物具有良好的透气性；

③确保植株上下左右的枝干均衡。

如果多个芽长出的枝条重叠交叉，就需要去掉顶芽长出的顶枝。去掉顶端优势，确保侧枝顺利伸展。枝条上长出多根分枝会分散养分，使枝条变得孱弱，外形也不美观，此时也需要修剪，只保留2根分枝即可。

修剪最好一步步地进行，既不会给植物造成负担，也可以逐渐将植物的株形修整得更加优美。有些植物如果一次性过度修剪，会造成枯死，所以一定要在仔细观察植物状态的前提下再进行修剪。

此外，最适合进行修剪的时期是4~7月的生长期。修剪后需将植物放置于日照充足，且利于植物发芽生长的环境。

需要修剪的枝条类型

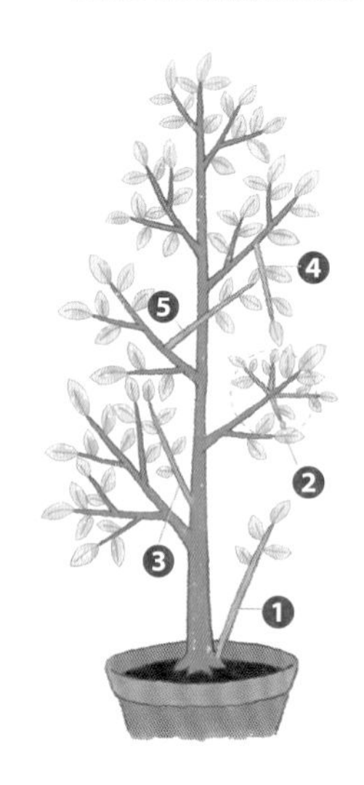

❶蘖枝

植物根部萌发的杂枝，会消耗掉过多的养分，并且破坏植物的株形。

❷车轮枝

在枝干的同一位置长出3根以上的枝条，会使那个位置的枝干粗大，因此只保留一根枝条，将其他枝条剪掉。

❸腹枝

主枝上新长出来的小枝。不仅会破坏株形，还是造成其他枝条病弱的原因，需要注意。

❹下垂枝

向下生长的枝，会打乱树形。需将其剪掉。

❺逆行枝

向枝干内侧生长，与其他枝条重叠交叉，影响植物的日照与透气性。需将其剪掉。

● 芽的数量过多（以黄果榕为例）

为保持其枝干粗壮并略有倾斜的姿态，长出新芽后需要进行修剪。

修剪前

修剪后

修剪的步骤

1 从分叉处剪掉伸出过长的枝，调整株形。

2 自下而上剪掉向植株内侧伸展的逆行枝。剪掉一部分顶芽，可使保留下来的芽生长得更好，植株的透气性也会变得更加良好。

树形失衡（以发财树为例）

一侧的枝条伸展得过长，树形不均衡。

修剪步骤

1 从枝条根部剪除植株左侧伸出来过长的枝条。

2 对于其他过长的枝条，在距离枝条根部三分之一的位置剪掉顶芽。这样，修剪处还会长出新的枝条，改善植株左右的平衡。

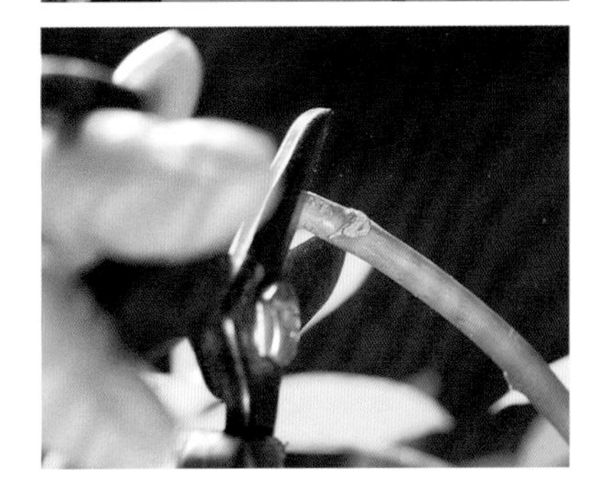

3 植株的主干部分长出新的小分枝，因为并不需要过多分枝，所以从根部剪除。

● 枝叶过于茂密 （以垂叶榕为例）

叶片及小分枝过于茂密会严重影响植物的透气性，因此需要修剪。垂叶榕的优点是可以进行强度修剪，并可塑造出各种姿态与造型。

修剪步骤

1 剪掉过长的枝条，调整垂叶榕的植株高度。

2 将相互缠绕的小分枝以及向内侧伸展的分枝从根部剪除。

● 自同一处长出过多分枝 （以琴叶榕为例）

分枝过多，叶片重叠，由于叶片过多导致枝条下垂。剪掉多余的枝条，提高植物的透气性。

修剪步骤

1 自同一处长出了3根枝条，只保留中央的1根枝条及1片叶子，将其余的剪掉。

2 这里也同样长出了3根枝条，将中央的枝条从根部剪掉。

3 榕属植物会从剪开的切口处流出汁液，需用纸巾擦拭干净。

● 调整树形 （以鹅掌柴为例）

右侧的2根枝条过于向右倾斜，并且根部的叶片孱弱。将其中1根枝条剪掉，并从整体上对植株进行修剪。剪掉过长的枝条，以便根部能够生长得更加良好。

修剪步骤

1 剪掉根部的蘖枝。

2 两根过长的枝条，剪除其中的一枝，去除顶端优势，可使植物整体变得更强壮。

调整植物姿态和造型的简单方法

枝干柔软的植物，可以较为容易地调整姿态与造型。照片中的彩虹龙血树，其左侧的两根枝条重叠，在这两根枝条之间搭上木棍进行矫正，一个月之后即可将重叠枝条分开。此外还可用绑线、系铁丝等方法。需注意的是，在进行调整矫正时尽量不要伤到植物的枝条。

调整前彩虹龙血树的姿态。左侧的两根枝条重叠。

为避免伤到枝条，可先在枝条上面缠上布条，然后用木块搭在两根重叠的枝条中间，将它们分开。

在金黄百合竹的枝条上缠上线绳，令其枝条形成略为弯曲的姿态。

答疑解惑

为大家解答栽培及养护室内植物时遇到的常见问题。

Q 植物的叶色发黄，是什么原因造成的？

A 一般情况下造成植物叶色发黄的原因有日照不足和通风不好。如果放置不管，则有可能导致植物变得孱弱。因此首先需要做的是调整摆放植物的场所。如果是蕨类植物，其下部的叶色发黄则很有可能是因为通风不好。

Ⓐ照片中的‘Pluto’蔓绿绒是在日照不够充足的条件下长出新芽，且叶片逐渐伸展长大，叶色严重发黄。在正常的条件下，叶色应为绿色。

Ⓑ照片中的福禄桐因为长期放置于背阴处，初夏时又突然转移到日照极为充足处，导致没有长出太多新芽。

〈对策〉

Ⓐ突然将植物移至日照充足的地方可能会造成叶片被灼伤。因此，将颜色发黄的叶片剪掉后，将植物移至窗边，有窗帘遮挡强光照射的半向阳的地方，这样植物可以再次长出新芽。要这样逐渐地移至光线较为充足的地方，让其慢慢地适应光照的逐渐增强。

Ⓑ可先将福禄桐长出的芽剪掉一部分，然后再移至无直射光线且较为明亮的场所，让保留的新芽能够良好地生长。

Ⓐ 仙羽蔓绿绒

叶片发黄。

从根部剪掉黄叶。

Ⓑ 福禄桐

Q 部分叶片颜色发黑，部分变为茶色并出现干枯，是什么原因造成的呢？

A 造成这些状况的原因大概有以下三种：

①突然受到强光照射导致叶片灼伤；

②长期放置于背光处而日照不足；

③浇水不规律，有时缺少水分。

〈对策〉

如果植物是位于日照较为充足的地方，情况①，修剪掉被灼伤的枝叶，修剪过程中尽量让其枝叶的数量保持均衡；情况②，需要逐渐将植物移至日照较为充足的地方，让其慢慢适应光线的变化；情况③，如果盆土表层较为干燥，可在浇水时稍微增加水量。

因为缺少水分而导致叶片前端变为茶色的琴叶榕，并且中间的枝干已经干枯了。

将中间枯萎的枝干从根部剪除，修剪叶色变为茶色的枝条，尽量让其长出新芽。

Q 艳红合欢的叶片一片片地掉落，是为什么？

A 叶片有时会自然地落下，这是植物生长过程中正常的现象。但如果叶片不断掉落，或者植物某一部分的叶片不断掉落，则大概是以下两种原因造成的：

①植物上有害虫；

②曾经因未浇水或浇水不足导致缺少水分，或者现在正处于缺少水分的状态。

〈对策〉

首先需要确认是否是因为虫害，如果植物上有害虫，需要使用药剂杀虫。如果是因为缺少水分造成的，则首先要确认盆土表层是否非常干燥，如果干燥，那么在浇水时需要适当地增加水量。但切忌不要过于频繁地或者过量地浇水。

Q 绿萝的叶片掉落，而茎部则生长良好，是什么原因？

A 造成这种情况的原因大概有以下三种：

①因植物生长过于旺盛而导致根部有些阻塞，输送给新芽的营养成分受到了一定程度的阻碍，导致植物生长不均衡；

②植物上有害虫；

③日照不足，且由于浇水过多造成枝干徒长。

〈对策〉

①修剪过长的枝条，如果是正处于生长期的植物则可通过施肥来促进其生长，也可根据情况进行移栽。

②除虫并修剪过长的枝干，之后尽量将植物放置于通风良好且无直射光线的场所。除虫要彻底，需确保植物上的害虫已经被彻底清除。

③植物根部附近的叶子发黄，枝干细长瘦弱，首先需进行修剪，之后确认盆土表层是否干燥，如若干燥则需要适当增加浇水量。

叶片掉落，无叶的茎部逐渐增多。

带有叶子的部分，将上部剪掉。

剪掉的部分。

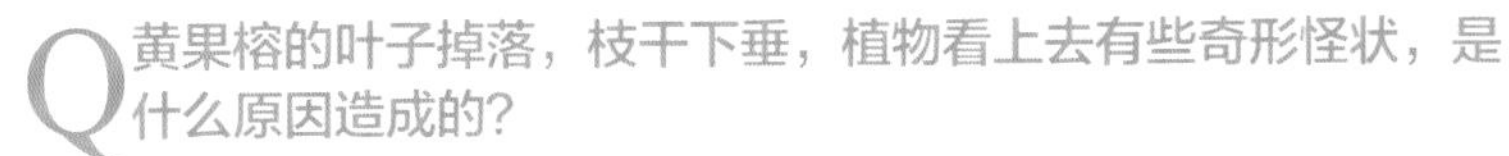

Q 黄果榕的叶子掉落，枝干下垂，植物看上去有些奇形怪状，是什么原因造成的？

A 因为浇水量不足而导致植物缺少水分，根部无法良好生长，植物为了长出新芽只能使旧叶脱落，同时枝叶过重导致枝干下垂。

〈对策〉

在生长期，应每年进行2次修剪，调整树形。需修剪偏向一方伸展的枝干，以保持树形匀称。即使修剪不当也没有太大关系，因为枝条上还会长出新芽。修剪时每一个枝条最好能保留1片以上叶子，并确认芽的状态。

已有10年多的树龄，每周只需500mL水就可以生存的黄果榕。下部的叶子已经掉落，树形看起来非常奇怪。

第1次修剪

在发出新芽的附近，剪掉过长的枝条。之后换土并剪掉枯枝，用木棍对主干进行矫正。

第2次修剪前

第1次修剪10个月后，新芽开始伸展，叶片数量有所增加。

第2次修剪后

修剪新的顶芽，保持树形的均衡。

第2次修剪两年后

形成挺拔优美的树形，叶片也大量增加。

第5章

向花艺师学习用绿植装饰家的方法

本章给大家介绍花艺工作者用绿植装扮家的奇思妙想、栽培植物的技巧，以及与植物共同生活的乐趣。

这里四季光线充足，
在白色墙壁的映衬下，
植物显得更加生动活泼。

给植物提供光照充足的环境

千叶县　近藤家

图中最左边的大叶植物是旅人蕉，窗户右侧角落里摆放的是有脉秋海棠，其特征是带有茸茸的细毛，前方椅子上摆放的是竹节丝苇。

直射光线较强的季节，利用窗帘来调节光线的强弱。

在设计这个园艺工作室时，非常注重采光，春夏秋冬都有阳光照射进来。

POINT 1 尽量在房间安装较大的玻璃窗，便于调节光线

为了使房间的采光更好，工作室的三面墙壁与屋顶都安装了玻璃窗。盛夏光线强烈时可通过窗帘调节光线。

屋顶处是容易聚集热气的地方，可用电风扇来促使空气流动，排出热气。

提供适宜植物生长的日照及通风条件

近藤夫妇从事多肉植物的组合设计，专注于空间绿植装饰，经常在各地召开讲习会和研讨会。

近藤店铺的楼上就是工作室兼夫妇二人的生活起居室。为了能够观赏到多肉植物以外的更多植物，夫妇二人在进行房屋设计时，首先考虑的就是如何打造适宜植物生长的舒适环境。近藤说："我们首先考虑的就是植物的光照条件，所以设置了很多玻璃墙面。通风方面也想了很多办法，夏天用电风扇来促使空气的流动，并将热气排出室外。"

这里的植物种类众多、形态各异。圆筒状的玻璃容器是水培植物。近藤介绍说："采用水培方式需要充足的日照，否则会影响植物的光合作用，使他们无法健康成长。此外需注意的是如果水中的氧气减少，细菌就会增多，因此要确保每周换水一次。"

将植物高低错落地悬挂在光照充足且通风良好的楼梯井，更充分立体地利用空间。每次上下楼梯时，也能够观赏到渐变的景致。

另一方面，因为经常要在这里使用电脑，所以工作间的光线也不能太过强烈。窗边明亮的背阴处也摆放了一些植物，是用来缓解眼睛的疲劳。

在明亮的窗边摆放的是水培植物和多肉植物。

近藤义展先生的作品，多肉植物的混栽。独具一格的色彩与造型受到大家的好评。

楼梯井作为悬挂绿植的空间

在一层店铺与二层工作室之间设计了楼梯井构造，专门用来悬挂植物。选择叶形奇特的植物，搭配用编织绳制作各种各样的悬挂植物的网兜，使空间丰富多彩。

在墙壁上装了金属挂钩，绑着具有年代感的粗绳。

阳光从窗户及天窗照进房间，明亮的楼梯井悬挂着各种绿植，有‘希望’豆瓣绿、丝苇、口红吊兰、金栗兰等。

上方的植物是锯齿昙花，比它高度略低一些的是竹节丝苇。

使用了圆形的金属架，将花盆悬挂到最合适的角度。

悬挂绿植的绳编吊篮。悬挂的植物是龙爪。

四方形架子上悬挂的植物是口红吊兰（右）与金栗兰。

摆放一些有视觉冲击力的植物，让绿植空间给人留下深刻印象

以具有存在感的大型积水凤梨为中心，此外还有：柱形仙人掌、贯众蕨、紫柄热亚海芋等。

房间一角被打造成“室内花园”，摆放数种绿植。选择极具视觉冲击力的植物作为“主角”，植物之间相互映衬，更加突显出各自的特色。

楼梯周围的植物，左侧是面包树，右侧是桫椤。

楼梯平台处摆放着多肉植物天龙。

明亮的窗边摆放着水培的柱形仙人掌。

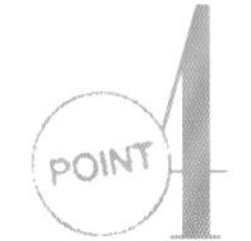

仙人掌的水培

目前，近藤正在研究多肉植物及仙人掌的水耕栽培。关键点是要确保充沛的日照以及植物根部的清洁。另外如果水中的氧气减少，细菌就会增加，应确保一周换一次水。

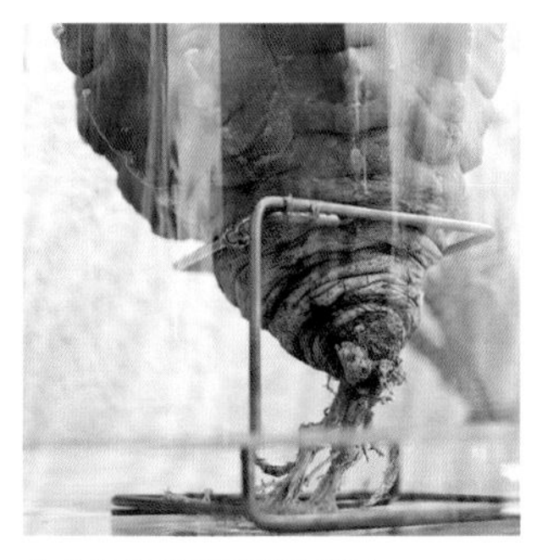

生根时尽量不要沾到水。

用水培方式栽种各种植物。

柔和的光线照进幽静雅致的工作间。

右侧是石笔虎尾兰，左侧的是彩叶凤梨。

工作间摆放了喜好明亮背阴环境的植物

阳光透过窗帘照进房间，窗边的柜子上摆放了不喜强光的植物，比如彩叶凤梨、石笔虎尾兰等。房间里侧摆放了一些耐阴植物，比如丝苇、贯众蕨（蓝星水龙骨）等。

近藤先生参加研发的“LED灯植物栽培箱（多肉植物用）”。

富有个性的篮子里栽种的是竹节丝苇。

为多肉植物的绿化装饰提出更多方案

季色（TOKIIRO）

千叶县浦安市东野2-5-29

巧妙地搭配植物与花盆，让传统的日式房间更具魅力

川西先生的家位于奈良县五条市，是一栋兼具居住与工作功能的传统日式房屋。川西先生并没有开设店铺，而是主要从事植物栽培和面向私人住宅的绿化装饰工作，此外还开展讲座，介绍多肉植物混栽及日式盆景“苔玉”等的相关知识。

曾经在杂货店购买的一盆多肉植物是川西先生从事与植物相关工作的契机。这盆多肉外形奇特，看着它从长出子株到开花，川西先生被它的魅力所吸引。之后川西先生开始去园艺店学习，之后就开始从事园艺工作了。川西先生说：“以前我喜欢珍奇的植物，而现在我更关注怎样搭配植物与花盆，装饰在房间哪个位置最合适。通过搭配与设计让最普通的植物

绿植与这间日式房间里的复古家具搭配得十分协调，颇有美感。自左侧开始分别是爱心榕、佛肚树（瓶树）、阿马特大叶伞、桉树等。

门框的横木上用线绳悬挂的植物是龙爪。

变得魅力十足，对我来说是最有乐趣的事。”川西先生将工作中需要用到的植物存放在别处，有时与摆放在自家的植物进行更换，仔细观察这些植物的生长状况进而养护管理。

为了不影响家里传统的日式装饰风格，川西先生将一些古色古香的桌子及日式家具作为摆放植物之处，而且在有榻榻米的房间里也摆放了很多盆栽。

在玄关处摆放用漂流木和旧板材制作的架子，上面摆放了苔玉及一些小型盆栽。川西家这种独具风情的绿植装饰与他们居住的五条市所具有的悠久历史十分相衬。

玄关处的架子上摆放着小型盆栽，这些旧板材看上去颇具韵味。

右侧根部弯曲的植物是佛肚树（瓶树），左侧的是爱心榕。

用个性鲜明的花盆衬托植物的美感

川西先生喜欢外形简单大方且风格独特的陶瓷花盆。比如，将叶大且亮丽的爱心榕栽种在黑白格相间（市松纹）的陶瓷花盆中，营造出一种和风与时尚感并存的气氛。

带有裂纹状花纹的白色陶瓷花盆衬托出绿植的美感。

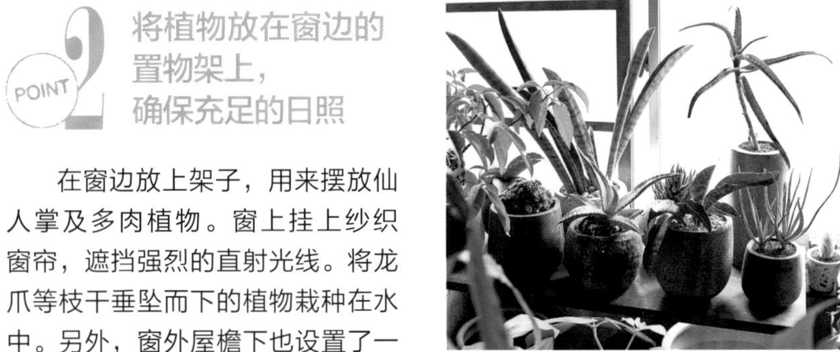

将植物放在窗边的置物架上，确保充足的日照

在窗边放上架子，用来摆放仙人掌及多肉植物。窗上挂上纱织窗帘，遮挡强烈的直射光线。将龙爪等枝干垂坠而下的植物栽种在水中。另外，窗外屋檐下也设置了一个用于栽培多肉植物的空间。

左上：这里用来摆放龙舌兰、虎尾兰等多肉植物及仙人掌。

左下：水中栽培的是枝干垂坠而下的龙爪。

右：右侧是艳红合欢，中间的是水培的四叶萍。

玄关处摆放的是较大的花盆和盆栽。

POINT 3 玄关处摆放的是适合日式风格的植物

玄关处的一部分墙壁涂成绿色，并摆放古旧板材制作的置物架，上面摆放苔藓与蕨类植物组合的小盆栽、小装饰品及花盆等，看上去风格独特。对面摆放的是观叶植物和一些植株较大的植物。

旧板材制作的置物架，并将一部分墙壁涂成绿色，衬托植物和花盆。

最右侧的两盆植物是龟甲石韦，旁边从右至左分别是观音座莲、江南卷柏、凤眼蓝。

植栽与和谐
与植物一起生活

green works stolo

Facebook
http://www.facebook.com/pages/Stolo/578118818882951
instagram
https://www.instagram.com/stolodesu/

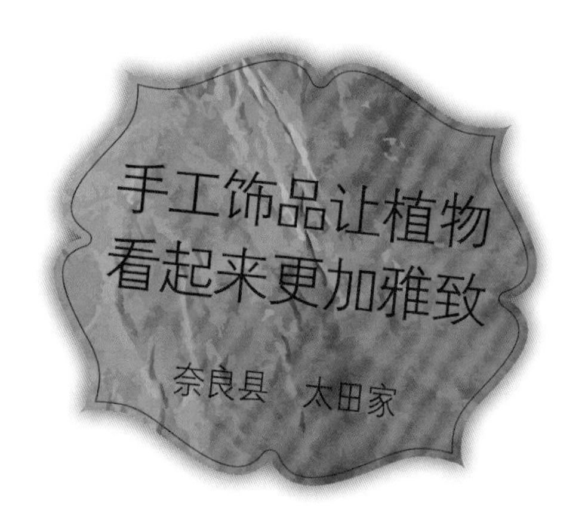

自由无拘束的手作风格

太田名美女士成长在花农之家，从孩童时代起就十分喜爱植物。太田女士最初在家里开设了干花制作与装饰的学习班。由于喜欢园艺的人越来越多，于是又开设了经营植物混栽、观叶植物与日用品的店铺。

太田女士说："店铺前的空间及店内都是由我先生设计装饰的。正因为先生的支持，才能有现在的店铺。"因为空间有限，要尽量立体、全方位地利用空间，所以绿植被摆放到房间的高处，减少对地面的占用。此外，用一些小摆件搭配绿植，看上去非常有个性。店铺的经营目标是让空间变得更加优雅别致。

店内摆放绿植的一角，铁制的置物架高低不同，非常有立体感。

DIY的置物台上摆放着多肉植物和小工艺品，十分可爱。

店铺门前的空间。

窗台上摆放了丝苇、球兰等枝叶垂坠而下的植物。

用铁艺花格架装饰窗户

在窗边装饰具有田园风情的铁艺花格架，并在窗台上摆放小摆件和小型盆栽，看上去别具一格。

将花瓣与薜荔的枝条等搭配在一起。

位于餐厅窗边的绿植空间。

以百叶窗为背景，上面装饰着小工艺品及球兰的小盆栽。

在装饰方法上下工夫

将当下流行的绿植与小摆件组合在一起，与不同的背景搭配，营造出别具一格的氛围。只有通过自己设计和动手制作才能够打造出的温暖空间，绿植、干花、鲜花、喜爱的小摆件和古董等绝妙地搭配组合在一起。

寄托着对植物喜爱之情的自家小店

O's Garden

奈良县樱井市西之宫253-3

作为园艺教室使用的房间。房间角落的置物台上摆放的是变叶木。桌子中央摆放着多肉植物和兰属植物的小盆栽。

用精心挑选的花盆营造出优雅别致的风格

德原富美子女士的花店位于镰仓山。德原女士在读中学时就开始学习未生流插花，渐渐被植物的魅力所吸引，由此开始从事花艺工作，后来又逐渐地进入到园艺领域。

德原女士在花店旁边的家里开设的花艺教室，是一个深受学生们喜欢的地方。房间内通风良好，摆放着很多观叶植物和多肉植物。

德原女士介绍说："我喜欢有着质朴自然的手感，同时设计奇特的花盆。这些花盆都是近年来从各处收集来的，搭配不同的植物。"玄关附近以黄色为主色调。教室的整个空间都没有摆放其他小装饰品，只摆放了植物。德原女士希望能够用绿植打造出优雅别致的空间。

玄关处的鞋柜上摆放着草胡椒、褐斑伽蓝菜（月兔耳）等植物。

浴帘的挂杆上悬挂着蔓越莓和白粉藤。

‘Hope’草胡椒与铁艺置物台的搭配。

优雅别致的花盆与白脉椒草的搭配十分完美。

装饰风格的花盆台上是枝叶垂坠而下的白脉椒草。

用富有个性的容器来展现自我

将外形美观的容器、古董风格的花盆台与植物精心地搭配组合。为了让整体看起来更富有美感，要仔细调整植物与花盆之间的均衡。

叶片略微向上翘起的‘Cloud’石莲花与倒棱花盆的搭配。

POINT 2 楼梯处的装饰

与阁楼相连的楼梯一角，温暖的阳光从天窗照射进来。用虎尾兰、草胡椒、丝苇、斑叶绿萝等一些在明亮的背阴处也能良好生长的植物，将这里打造成优雅且极具个性的空间。

最下方台阶处铁丝筐里的植物是灰姑娘（假紫苏）和齿叶半插花，为喜光植物，白天尽量将其放置于室外。

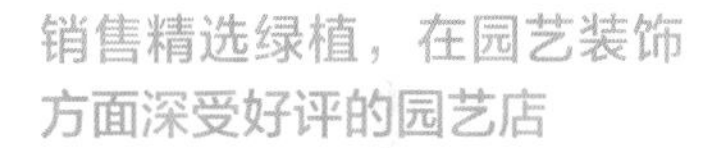

Atoriedo blue

神奈川县镰仓市镰仓山3-17-27

Tel.0467-95-8765

照片中最前方的植物是细枝龙血树，缝纫机旁边圆形椅子上的是石松，缝纫机上自左向右分别为金黄百合竹、香苹婆、心叶球兰，缝纫机右侧是发财树、黄果榕。

植物搭配复古家具，让房间更有格调

奈良县　森川家

将艳红合欢、木棉等植株较高的植物与细叶榕、金毛狗蕨等小盆栽搭配在一起，打造别具一格的空间。

1 花盆与植物的完美搭配，适合不同风格的室内装饰

以信乐烧的陶瓷花盆为主，同时使用不上釉料和上釉料两种不同质感的。绿植搭配这些风格独特的花盆极具魅力。植物的摆放位置及装饰方法需根据室内布局及装饰风格来决定。

信乐烧陶瓷花盆衬托出植物的美。

挑选富有个性且易于培育养护的植物

森川纯一先生住在历史悠久的奈良县橿原市，从事造园及植栽工作并经营一家园艺店。森川先生为了让更多人感受到植物的魅力，店铺里摆放的都是园艺初学者也能轻松驾驭的植物。森川先生说："室内绿植及多肉植物无需花费大量时间和精力去养护管理，并能够让人感受到自然气息。"为了在室内绿植装饰方面给客人提供参考，店内布置成一般的家居空间。

森川先生说："并不需要购买价格高昂的古董，巧妙地使用家里的一些家具就能获得意想不到的效果，在这个方面，我希望能给客人提出一些可供参考的方案。"

店铺入口处一角，旧桌子别有韵味。

2 活用旧器具，打造别具一格的绿色空间

将旧器具、板材与植物完美地搭配组合是森川先生独到的技术。将日式风格元素融入房间，这样即使摆放多种形态奇特的植物，也不会显得杂乱。房间的气氛也变得恬静雅致。

销售各种植物及花盆，承接庭院的设计与施工

风草木植物屋

奈良县橿原市葛本町734-2
Tel.0744-25-6578

植物索引

J

K

L

M

N

O

P